KB188379

홈 카페 클래스

올 어바웃 수제청

올 어바웃 수제청

1판 1쇄 발행 2021년 4월 10일
1판 4쇄 발행 2023년 7월 17일

지은이   서은혜
푸드스타일링   김문용
펴낸이   임충배
편집   김인숙
홍보/마케팅   양경자
디자인   정은진
펴낸곳   마들렌북
제작   (주)피앤엠123

출판신고 2014년 4월 3일
등록번호 제406-2014-000035호

경기도 파주시 산남로 183-25
TEL 031-946-3196 / FAX 031-946-3171
홈페이지   www.pub365.co.kr

ISBN 979-11-90101-46-2 13590

Copyright©2021 by 서은혜 & PUB.365, All rights reserved.

· 저자와 출판사의 허락 없이 내용 일부를 인용하거나 발췌하는 것을 금합니다.
· 저자와의 협의에 의하여 인지는 붙이지 않습니다.
· 가격은 뒤표지에 있습니다.
· 잘못 만들어진 책은 구입처에서 바꾸어 드립니다.

홈 카 페 클 래 스

올 어바웃 수제청

서은혜 지음

Mædəlin Buk

느린 시간 속으로 초대합니다.

올해로 7년, 루루 아틀리에를 운영하며 여러 디저트 클래스를 진행해 왔습니다. 그중 수제청은 지속적으로 반응이 좋은 클래스입니다. 클래스의 문을 두드리시는 분들의 목적은 다들 비슷하지요. 음료를 찾는 아이들에게 더 건강한 음료를 만들어 주고 싶은 엄마의 마음, 내 손으로 만든 수제청을 선물하고 싶은 마음, 더 나아가 그걸 판매하고 싶은 바람들입니다.

요즘은 편의성을 내세운 다양한 과일 시럽이 잘 나와 있고, 몇 번의 펌프질로 놀랄 만큼 훌륭한 음료를 만들 수도 있습니다. 그럼에도 가끔 입안이 깔깔할 정도로 달다거나, 눈살이 찌푸려질 정도로 인위적 향미가 강한 음료를 만나기도 해요.

그 아쉬움을 달래기 위해 보존성을 고려하되 설탕을 줄이고, 과육을 듬뿍 넣은 수제청과 음료 100가지를 바지런하게 실어보았어요.

겨울철 흔한 귤, 계절마다 구하기 쉬운 제철 과일 한두 개, 어떤 과일이라도 좋습니다. 사부작사부작 따라 하다 보면 미처 생각지 못했던 과일의 새로운 맛도 느껴질 거예요. 좋아하는 과일의 맛과 향을 온전히 담은 나만의 시그니처 수제청도 만들 수 있게 되고요.

수제청의 범주도 넓어지고 제조방식도 저마다 다양해졌습니다. 살짝 끓이거나 시럽으로 만들기도 합니다. 더러 부족한 맛과 향을 잡기 위해 산미료나 향미료를 더하기도 하고요. 저도 때때로 이런 방식들을 테스트하기도 합니다. 하지만 제가 조금 촌스러운 걸까요? 오로지 과일과 설탕만 더해 사람의 손길 그대로 닿는 수제청이 좋아요.

부엌 창가에서 쏟아지는 햇살을 맞으며, 도마 위 과일을 자르고 설탕에 재운 다음, 찬찬히 녹는 것을 가만히 들여다보는 과정을 좋아해요. 맑게 녹은 수제청을 뽀드득 소리 나는 유리병 안에 도로록 담는 것도 좋아하지요. 이 게으른 홈메이드 방식이 여전히 참 좋습니다.

손만 뻗으면 무엇이든 쉽게 구할 수 있는 편리함에 길들여진 시대. 그래서 더욱 아날로그적인 감성이 그립고, 자연적인 무언가를 끊임없이 갈망하게 되나 봅니다.

우리, 시대를 거슬러 조금 느리게 가는 기쁨을 함께 맛보면 좋겠습니다. 과일과의 느긋한 데이트, 이제 시작해 볼까요.

올 어바웃 수제청

Prologue

느린 시간 속으로 초대합니다.

Part 01

만들기 전에 알아두기

수제청 & 음료 레시피 100

🍯 꿀   🐝 유기농 설탕

44p

52p

72p

100p

180p

196p

216p

220p

Part 03

수제청 이야기

Part 04

수제청을 배워서
새로운 일로 발전시키기

제철 과일 열두 달 캘린더

귤	딸기	파인애플	체리
1월 – 2월	3월 – 5월	3월 – 9월	5월 – 6월
망고	복숭아	오렌지	자두
5월 – 10월	6월 – 8월	6월 – 10월	7월 – 8월
블루베리	레몬	포도	키위
7월 – 9월	7월 – 10월	7월 – 10월	8월 – 10월
배	사과	석류	유자
9월 – 11월	9월 – 11월	9월 – 12월	11월 – 12월
한라봉			
11월 – 1월			

PART 01

만들기 전에 알아두기

설탕을
마음껏
줄이지
못하는
이유

처음 수제청 만들기에 도전한다면 설탕의 양을 줄이지 않고 담가보는 것이 좋습니다. 수제청 속의 설탕은 단맛을 내주는 이외에 중요한 역할을 하기 때문입니다.

수제청은 당장법(糖藏法)이라는 가공법에 속합니다. 조금 더 쉬운 표현으로, 당절임(sugaring)이라고도 할 수 있고요. 설탕에는 강한 방부효과가 있습니다. 그래서 제철 과일을 장기간 보존하기 위해 설탕에 재워 저장하는 것이지요. 예로부터 계절의 흔적을 모아 저장식을 만들었던 선조들의 지혜랍니다.

설탕은 강한 탈수성과 흡수성, 그리고 보수성을 지니고 있습니다. 이러한 물리적 성질이 수제청에 적용되고 있지요.

→ 강한 방부효과
식품의 산화 방지

과일을 설탕에 재워두면 당의 농도가 높아 탈수를 일으키게 됩니다. 과일의 수분을 완전히 빠져나오게 하는 것이지요.(탈수성) 게다가 미생물이 번식하려면 수분이 필요한데 이 수분을 설탕이 흡수하고 있어 미생물이 번식할 수 없는 환경이 됩니다.(흡수성) 여기에 흡착한 수분을 유지하는 성질까지 있으니(보수성) 설탕의 저장성은 거의 완벽할지도 모릅니다. 따라서 수제청을 오래 두고 보관할 목적이라면 미생물의 번식을 막고 보존을 돕는 설탕을 함부로 줄이기 어렵지요. 원재료만큼 설탕의 비율을 맞춰주는 것이 필수 불가결한 요소인 것입니다.

이때 설탕은 과일의 중량과 동량, 혹은 그 이상(1배~1.5배까지)으로 넣어 만들 수 있습니다. 저장성을 염두에 둔 수제청이라면 많은 양의 설탕은 선택이 아닌 필수가 되는 것이지요. 단, 과일에 따라 당도의 차이가 있음을 기억해야 합니다. 집히는 과일마다 무턱대고 1:1로 만들었다가는 단맛에 질려 지레 도전 의식이 사라질 수도 있거든요. 그래서 처음 시작할 때에는 산미가 강한 레몬청으로 시도해 보는 것이 좋습니다. 레몬청은 설탕의 비율을 과일의 양 이상으로 늘려주어도 맛의 밸런스를 크게 해치지 않기 때문입니다.

저 당
슬라이스청을
만 들 기
전   에

집에서 만들어 먹는 김치찌개 레시피는 각 가정의 숫자만큼이나 서로 다릅니다. 홈메이드 수제청 역시 저마다의 기호와 취향대로 담기게 되지요. 더러는 당의 종류를 바꿔보고 더해보기도 하며, 여기에 다양한 향신료를 첨가해 보기도 합니다.

몇 해 전부터 수제청이 유행하면서 만드는 방식도 다양해졌습니다. 과일을 갈거나 착즙해서 원재료의 맛을 더하고, 불을 가열하여 살짝 끓이기도 하고요.

저는 과육의 식감을 즐길 수 있고, 설탕을 줄여 만든 저당 슬라이스청을 선호하고 있습니다. 다양한 방식을 시도해 봐도 여전히 애정하는 오리지널 방식이에요. '저당 슬라이스' 란 말 그대로 당을 줄이고, 과일을 슬라이스한다고 하여 붙인 이름입니다. 보존기간을 고려하여 최소한의 설탕을 사용했지만, 수제청을 처음 만들어 보시는 분들에게는 이마저도 적은 양은 아닐 겁니다.

수업 시간 수제청을 담글 때, 설탕을 넣는 순서가 되면 가끔 덜덜 떠시며 "설탕을 더 줄이고 싶어요" 하시기도 하는데요, 과육의 양을 한껏 늘리고 설탕을 잔뜩 줄이게 되면, 과일액이 부족하여 과일이 위로 떠오르게 됩니다. 과일이 액에 잠겨있지 않으면 곰팡이가 생기는 원인이 되지요. 앞서 원재료와 설탕을 동량, 혹은 그 이상으로 시도해 보기를 권한 이유이기도 합니다.

수제 음식을 만드는 이들이 늘 그렇듯 '어떻게 하면 조금 더 건강한 청을 만들 수 있을까', '어떻게 하면 원재료의 맛을 최대한 살려 조금 더 맛있게 즐길 수 있을까' 하는 고민을 저 또한 항상 품어왔습니다. 이 책 역시 같은 고민이 빚어낸 결과일 겁니다.

과일마다 고유의 맛이 있습니다. 하지만 우리가 수제청에서 느끼고 싶은 맛은 동일할 거예요. 바로 상큼함과 달콤함의 밸런스입니다. 대중적으로 가장 맛있다고 느끼는 수제청의 맛이 단맛만 가득하거나 산미만 가득한 맛은 아닐 테니까요. 산뜻한 단맛과 적당한 산미로 원재료의 특성을 크게 해치지 않는 선에서 수제청을 담가 보겠습니다.

처   음
수 제 청
만 들 기 에
도 전 한 다 면

1 수제청 만들기에 필요한 재료

과일과 설탕   수제청 만들기는 두 가지 재료만 있으면 시작할 수 있습니다. 바로 자연이 주는 선물인 과일과 그 과일을 꽤 오래 유지시켜줄 설탕입니다.

2 필요 도구

냄비   유리병을 소독할 용도입니다. 넓고 깊은 스텐 냄비가 좋습니다.

집게   유리병 소독을 마친 후 뜨거운 유리병을 건질 용도로 사용합니다. 유리병에 상처가 나지 않는 실리콘 집게를 추천합니다.

저울   수제청의 원재료인 과일과 설탕의 양을 계량할 때 쓰입니다. 눈금 저울보다는 전자저울이 편리합니다. 1g 단위로 측정되는 제품이면 됩니다.

체   딸기나 블루베리와 같은 과일을 세척 후 물기를 제거할 때 용이합니다.

볼   손질을 마친 과일을 설탕에 재울 때 필요합니다. 저는 볼에 과일과 설탕을 한데 넣고 뒤적여 설탕을 전부 녹이는 방법을 활용합니다. 이때 볼이 너무 작으면 뒤적일 때 불편하므로 충분히 깊은 볼을 구비해 놓으면 편리합니다.

주걱   볼에 가라앉은 설탕을 저어줄 때, 수제청을 병입할 때 이용합니다. 나무 주걱과 실리콘 재질의 주걱을 하나씩 구비하면 좋습니다. 나무 주걱은 설탕을 뒤적여줄 때, 실리콘 주걱은 볼에 남은 수제청을 깨끗하게 긁어낼 때 편리합니다.

깔때기   만들어진 수제청을 병입할 때 수제청이 병 밖으로 흐르지 않도록 돕는 역할을 합니다. 위생적으로 관리할 수 있는 스테인리스 제품을 추천합니다.

3 보관용기

수제청을 담는 용기로는 플라스틱병 , 트라이탄병, 유리병 등이 있으며 소량, 혹은 대용량을 담는 용도로 파우치팩을 활용하기도 합니다. 각자의 장단점이 있으니 기호에 맞게 선택하면 됩니다. 단, 장기간 보존 시에는 안전한 열탕 소독을 할 수 있고 밀폐력도 높은 유리병을 추천합니다.

플라스틱병   가볍고 단기간 저장에 적합

파우치팩   보관이 용이하고 가격이 저렴함

트라이탄병   환경호르몬인 비스페놀-A(BPA)가 검출되지 않아 안전한 소재. 내구성이 우수함.

유리병   가장 안전하여 장기간 저장에 적합함. 쉽게 깨지는 단점.

개인적으로 유리병 중에서는 보르미올리 브랜드의 '피도' 제품을 즐겨 사용합니다. 이탈리아산으로 열탕 소독이 가능한 소다석회 유리 재질입니다. 이 책에서는 피도 클리어탑(350ml) 기준으로 레시피를 만들었으니 참고하여 주세요.

4 용기 세척(유리병 소독법)

열탕 소독   유리병은 끓는 물에 열탕 소독해 줍니다. 물이 뜨거운 상태에서 병을 넣을 경우 급격한 온도변화로 쩍 하고 유리병에 금이 가게 되지요. 따라서 빈 냄비에 병이 잠길 만큼의 차가운 물을 부어주고, 유리병을 냄비에 넣어 준 후 끓는 물에 소독해 주세요. 이 방법이 정석이라면 전자레인지에 3~5분 정도 돌려 소독해주는 팁도 있습니다. 한두 병 정도 가볍게 만들 때 편리하지요. 열탕 소독을 마치면 집게로 병을 건져 깨끗한 마른행주나 키친타월에 세워 건조해 주세요. 충분히 열이 가해진 상태라면 병의 열기로 인해 병 안쪽까지 빠르게 건조됩니다.

오븐 소독   많은 양의 유리병을 소독할 때 한결 편리한 방법입니다. 세척한 유리병은 물기를 말리고 유리병을 오븐 트레이에 올립니다. 110도에서 20분 소독합니다.

알코올 소독　　세척한 유리병의 물기를 완전히 말려줍니다. 증류주나 식품용 알코올을 병에 넣고 구석구석 흔들어 소독합니다. 남은 물기를 완전히 말려줍니다. 증류주는 35도 이상이어야 살균 효과가 있습니다.

뚜껑 소독법　　금속 재질의 뚜껑을 열탕 소독할 경우 끓는 물에서 유리병을 꺼내기 바로 전에 넣어 짧게 소독합니다. 처음부터 함께 소독하면 뚜껑이 뒤틀릴 수 있기 때문입니다.

5 과일 세척

과일 표면의 흙, 농약, 유해물질, 기타 잔류물을 깨끗하게 제거하는 것은 언제나 큰 숙제입니다. 식품의약품안전처(MFDS) 연구 결과에 의하면 효과적으로 과일을 씻는 방법은 '담금물 세척'입니다. 물에 담갔다가 흐르는 물에 깨끗이 씻는 과정을 꼭 거쳐 주세요.

담금물 세척

01.　준비된 과일을 1분 동안 물에 담그고, 1분 후 물을 버립니다.

02.　볼에 새로운 물을 받아 손으로 저어주면서 약 30초가량 세척합니다.

03.　흐르는 물로 여러 번 세척합니다.

레몬 세척 과정

수제청에서 가장 핵심이 되는 레몬의 세척과정은 아래와 같습니다.

01.　레몬은 담금물로 1차 세척합니다.

02.　흐르는 물에 과일을 문질러 씻어줍니다.

03.　팔팔 끓는 물에 레몬을 잠깐 데쳐 왁스 성분을 제거해줍니다.

04.　굵은 소금으로 레몬의 표면을 박박 스크럽 해줍니다.

05.　이 과정을 거친 레몬을 손으로 문지르면 코팅된 왁스가 제거되어 뽀득뽀득 소리가 나지요.

06.　키친타월 위에 올려 레몬의 물기를 제거합니다.

맛있는 수제청을 만드는 과일 세척 팁

제가 추천하는 과일 세척 방법은 바로 50도 세척입니다. 문자 그대로 50도의 물에 과일을 세척하는 방법인데요, 차가운 물에 과일을 씻는 것이 상식으로 알려진 만큼 처음 접하는 분들에게는 생소한 온도이기도 합니다. 50도의 물에 과일을 담그면 순간적인 열 자극으로 기공이 열리고 삼투현상에 의해 농도가 높은 과일 안쪽으로 물이 들어가게 됩니다. 이때 잔류농약이나 불순물 제거는 물론 효소의 작용으로 과일이 숙성되면서 과일의 단맛이 증가되고 과일의 색상은 더욱 선명해지는 장점이 있습니다.

◇ 50도의 물 온도를 어떻게 맞추나요?

조리용 온도계로 물의 온도를 확인하는 것이 가장 확실하나 간편하게 차가운 물과 끓는 물을 같은 비율로 넣으면 온도를 맞출 수 있습니다.

수제청의 이해

과일의 특성과 계절(수확 시기나 출하 시기)에 따라 과일의 당도가 다르고 향, 맛도 천차만별입니다. 원산지나 재배지, 품종에 따라 같은 사과라 해도 수분량이 다르고 향과 맛도 상이합니다. 특히 딸기, 자두, 복숭아, 블루베리 등의 과일이 더욱 그러하지요. 그러니 사계절 내내 모든 과일에 한 가지 레시피를 적용시키기는 어렵답니다. 때문에 수제청 레시피는 수업을 오래 진행해온 저도 여전히, 끊임없는 테스트를 반복합니다.

혹여 구매한 과일이 밍밍하다거나, 단맛만 두드러진다거나 할 때는 아래 기준으로 하되 당과 산을 조절하여 얼마든지 맛있는 청을 담가볼 수 있습니다.

맛있는 수제청은?

01. 산도 베이스 _ 과일에 함유된 산도 + 레몬즙, 히비스커스, 파인애플즙, 시계꽃 열매(백향과)

02. 당도 베이스 _ 과일에 함유된 당도 + 설탕, 사과즙

당도만 높은 과일은 산도 베이스의 비율을 늘려 상큼함을 더해주고, 산미가 두드러지는 과일은 당도 베이스의 비율을 늘려 신맛을 완화해 줍니다. 내 입맛에 맞게 당과 산을 가감하여 새콤달콤한 맛이 어우러지는 청을 만들어 주는 겁니다.

이제, 냉장고를 뒤적여 굴러다니는 과일을 도마 위에 올려볼 차례입니다!

수제청 제조의 기본

수제청 만드는 방법 1

01. 보관용기를 세척합니다.

02. 보관용기를 소독합니다.

03. 과일을 세척합니다.

04. 과일 표면의 물기를 꼼꼼히 제거합니다.

05. 과일을 밑손질합니다. 과일에 따라 씨를 제거하거나 꼭지를 따고, 껍질을 깎습니다.

06. 소독한 보관용기에 설탕-과일-설탕-과일 순으로 켜켜이 담아줍니다. 이때 설탕의 양은 사용하는 과일의 양에 비례해서 정합니다.

07. 마지막으로 분량 외의 설탕을 과일이 보이지 않을 정도로 덮어줍니다. 과일과 공기의 접촉을 막아주어 보존력이 높아집니다.

08. 직사광선을 피한 서늘한 상온에서 1일 보관합니다. 설탕이 충분히 들어간 레몬청의 경우 상온에서 보관 시기를 1주일로 늘려도 괜찮습니다.

09. 냉장고에서 저온 숙성합니다.

10. 보관하는 동안 가라앉은 설탕을 중간중간 저어줍니다. 일주일 정도 숙성한 뒤부터 먹습니다.

완성된 수제청의 설탕이 모두 녹기 전에 냉장고에 넣게 되면 설탕은 병 바닥으로 가라앉고 굳어버리는 등 시간이 지나도 잘 녹지 않습니다. 수시로 병을 흔들거나 뒤집어서 설탕을 잘 녹여 주세요.

수제청 만드는 방법 2

01. 보관용기를 세척합니다.

02. 보관용기를 소독합니다.

03. 과일을 세척합니다.

04. 과일 표면의 물기를 꼼꼼히 제거합니다.

05. 과일을 밑손질합니다. 과일에 따라 씨를 제거하거나 꼭지를 따고, 껍질을 깎습니다. 과육이 씹히는 식감을 선호하면 과일을 굵게, 부드럽게 씹히는 식감을 선호하면 과일을 작게 잘라줍니다.

06. 물기 없는 볼에 과일을 담고 정해진 분량의 설탕을 고루 뿌려 둡니다. 장기 보존할 목적 이라면 설탕은 과일 무게의 1배~1.5배까지도 사용할 수 있습니다.

07. 시간의 흐름에 따라 과일에서 수분이 빠져나오기 시작합니다. 설탕이 자연스럽게 녹을 때까지 그대로 둡니다. 가끔 설탕이 골고루 잘 녹을 수 있도록 깨끗한 스푼이나 마른 주걱 으로 뒤적여 줍니다.

08. 설탕의 서걱거림이 느껴지지 않을 정도로 다 녹으면 소독한 병에 수제청을 병입합니다. 이때 설탕이 녹는 속도는 계절과 장소의 온도에 따라 다릅니다.

09. 직사광선을 피한 서늘한 상온에서 1일 보관합니다.

10. 냉장고에서 저온 숙성합니다. 바로 먹어도 무방하나 수제청의 맛과 향이 옅으므로 5일 정도 숙성한 뒤부터 먹으면 맛과 향이 더욱 진해집니다.

수제청
실패 원인

수제청 실패의 원인으로는 소독, 당, 온도, 이물질 등이 있습니다.

용기의 소독	열탕 소독이나 알코올 소독을 했는지 점검해 봅니다.
수분	① 과일의 물기는 곰팡이의 주요 원인이 되고 수제청의 보관 기간을 줄이므로 꼼꼼히 제거합니다. ② 병입 전 유리병에 물기가 남아 있지 않도록 주의합니다. 병입 전 물기가 남아 있다면 물기를 말끔하게 제거해줍니다.
당	설탕의 양이 부족한 경우 보존력이 약하여 곰팡이가 피거나 쉽게 부패할 수 있습니다.
온도	개봉한 후에는 반드시 냉장 보관이 필수입니다. 특히 한여름, 실온에 보관할 경우 발효가 진행되어 부글부글 끓어넘치기도 하니 주의합니다.
이물질	수제청을 뜨는 스푼은 마른 나무 스푼을 사용하는 것이 좋고, 침이나 물 등의 이물질이 들어가지 않도록 주의합니다.

수제청
핵심 재료

▮ 과일에 대해

맛있는 수제청의 비결은 신선한 과일입니다. 그래야 과즙도 풍부하고 맛과 향이 좋지요. 이렇게 만들어둔 수제청은 제철 과일의 때가 아니어도 사계절 내내 즐길 수 있다는 점이 매력입니다.

매번 유기농이나 무농약 과일을 이용하기는 여의치 않으니 잔류 농약 및 유해물질이 남아 있지 않도록 깨끗하게 세척하는 것이 중요합니다. 또한 과일에 흠집이나 상처가 있다면 그 부분은 도려내고 담가주세요.

과일은 자연이 준 농산물입니다. 늘 균일한 상태가 아니지요. 같은 딸기라 해도 수분, 맛, 향, 상태, 숙성 정도가 저마다 다릅니다. 같은 레시피라도 항상 동일한 결과물을 예측하기는 어렵답니다. 자주 만들어 보면서 과일의 특성을 파악하는 것이 좋습니다.

맛있는 과일 고르는 방법 / 보관하는 방법

과일 구매 후 과일을 보관하는 환경에 따라 수제청의 맛부터 숙성도까지 차이가 있습니다. 가급적 제철 과일, 당도가 높되 약간의 산미가 있는 과일이 좋습니다. 이렇게 과일을 고르는 이유는 '재료 본연의 향과 맛'이 가장 중요하기 때문입니다.

사과	손으로 만졌을 때 단단하고 묵직한 것을 고릅니다. 사과의 위아래 꼭지가 빨갛게 물들어 착색이 고른 것이 좋습니다.
딸기	딸기는 쉽게 물러 보관 기간이 짧습니다. 농촌진흥청 발표자료(2021)에 의하면, 용기에 딸기를 담은 뒤 용기째 비닐로 감싸 냉장고에 보관하면 그냥 보관할 때보다 신선도 유지 기간을 늘릴 수 있습니다.
레몬	향이 풍부하고 무게감이 있는 것이 좋습니다. 신문지에 돌돌 말아 보관하거나 랩으로 싸서 냉장 보관합니다.
한라봉	껍질이 얇은 것이 당도가 높습니다. 상온에서 보관하면 당도가 높아집니다.
블루베리	팽팽한 과실표면에 흰 가루가 묻은 것, 선명하고 진한 청색을 띠는 것을 고릅니다. 흐르는 물에 깨끗이 씻어 밀폐용기에 냉장 보관합니다.
포도	알이 꽉 차고 알맹이가 균일한 것을 고릅니다. 껍질에 하얀 분이 많을수록 당도가 높습니다. 실온 또는 냉장 보관하며 신문지에 싸서 보관합니다.
배	들었을 때 묵직하고 상처가 없는 것이 당도가 높습니다. 꼭지 반대편 부위에 미세하게 검은 균열이 없는 것을 고릅니다. 신문지에 싸서 냉장 보관합니다.

2 당의 이해

01   백설탕? 황설탕? 흑설탕?

"당 떨어져"
"그럼 우리 당 충전할까?"

기분이 축 처지는 느낌이 들 때 달콤한 케이크나, 초콜릿 한 알을 먹으면 순간 행복지수가 훅 올라가요. 실제로 당분은 혈당을 급속히 보충해 피로감을 날려주지요. 우리 뇌 속에 기분이 좋아지는 신경전달물질, 세로토닌이 생성되기 때문입니다. 단것을 먹으면 일시적으로 기분이 좋아지는 이유가 이 때문이에요. 달콤한 것을 먹을 때 종종 힐링된다고 말하는 그 감정. 은근하고 소소한 행복감 말이에요.

한편 먹으면서도 찜찜할 때가 있습니다. 게다가 과하게 섭취하는 날에는 일종의 죄책감에 시달리기도 하는데요. 아무래도 설탕은 떼려야 뗄 수 없는 애증의 관계 같습니다.

수제청 수업에서도 설탕은 매번 화두입니다.
"그래도 황설탕이 백설탕보다 건강에 낫지 않을까요?"
"그나마 황설탕이 칼로리가 낮지 않나요?"
수업 중 빼놓지 않고 들었던 질문입니다. 수제청과 설탕이 불가분의 관계인 만큼 설탕에 대한 호기심과 궁금증은 늘 끊이지 않습니다. 그런데 과연 '건강에 더 나은 설탕'이 존재할까요?

설탕을 바로 알기 위해서는 설탕의 원료를 들여다보면 됩니다. 설탕의 원료 작물은 크게 사탕수수(Sugar Cane)와 사탕무(Sugar Beet)입니다. 사탕수수는 열대 지역에서 잘 자라는 풀로, 줄기 부분에 설탕의 원료가 들어있지요. 사탕무는 온대나 한대 지역에서 자라는 풀로 뿌리에 설탕의 원료가 들어 있습니다. 설탕은 사탕수수나 사탕무를 '원당 – 세당 – 용해 – 탈색 – 여과' 하는 과정을 거쳐 당액을 추출하게 됩니다. 이를 다시 결정하는 공정을 거치고, 마지막으로 포장하는 공정을 거치면 비로소 우리가 구입하는 설탕의 모습이 갖추어진답니다.

설탕의 제조과정만 조금 더 단순하게 들여다볼까요? 설탕은 사탕수수 원당을 정제해 생산합니다. 굵게 3가지 과정으로 보면, 먼저 사탕수수를 밭에서 벤 다음 줄기에서 즙액을 짜내어 걸쭉한 형태의 원당을 만듭니다. 다음으로 원당을 정제하여 불순물을 제거하고요. 마지막으로 정제 원당에서 설탕을 분리시킵니다. 설탕은 이런 정제 과정에 따라 종류를 구분하게 되는 것이지요.

설탕의 제조 과정에서 가장 먼저 생산되는 것이 정백당이라 불리는 백설탕입니다. 설탕을 정제할 때 활성탄(숯)을 사용하여 원료당의 불순물을 제거하면서 색소를 뽑아 버리게 됩니다. 이렇게 활성탄 흡착과 원심 분리, 이온교환수지를 거쳐 사탕수수에 포함된 불순물이 모두 제거된 흰색 결정체가 백설탕입니다. 이를 계속 농축하고, 결정체를 만드는 공정을 여러 차례 반복하면 가해진 열로 인해 흰색이 황색으로 변하게 됩니다. 이것이 바로 황설탕이지요. 제조과정에서 가해진 열로 인해 일종의 캐러멜화가 진행되며 황설탕만의 독특한 향도 더해지고요. 여기에 시럽인 당밀을 첨가하면 흑설탕이 생산됩니다. 현재 시중에 판매하는 흑설탕은 캐러멜을 첨가해 만들어집니다.

이 과정을 되짚어 보면, 세 가지 설탕 중 '그나마' 덜 가공된 설탕은 백설탕이네요. 그러니 정제된 백설탕, 황설탕, 흑설탕 중 어느 것이 그나마 낫냐는 질문에 굳이 답을 내려야 한다면 그중 정제가 덜 된 백설탕을 선택할 수 있겠습니다.

설탕은 모두 똑같은 단맛이지만 당도는 약간의 차이가 있습니다. 백설탕이 가장 높고요. 그다음으로는 비정제설탕이 높습니다. 황설탕은 앞의 두 설탕보다는 낮습니다. 설탕 자체의 별다른 영양분은 안타깝게도 세 가지 설탕 속에 전혀 없습니다. 왜냐하면 위에서 이야기한 제조공정을 거치면서 사탕수수의 영양물질까지 완전히 제거한 후 순수한 자당을 추출했기 때문이지요. 사탕수수나 사탕무는 자연 소재의 천연 당류이지만, 설탕을 공정할 때 가열시키고 농축시키고 정제시키는 작업을 거치면서 섬유질과 영양분이 모두 제거되는 겁니다. 그래서 설탕은 당분만 있을 뿐, 설탕 자체에는 특별한 영양물질이 없는 것입니다.

〈설탕의 당도〉

02 비정제 설탕

이와 달리 비정제 설탕은 화학적인 정제 대신 원심분리 방식으로 당분을 추출합니다. 사탕수수 고유의 영양물질들을 가지고 있는 셈이지요. 비정제 설탕은 말 그대로 '정제하지 않은 설탕(unrefined sugar)'입니다. 제가 비정제 설탕을 선호하는 이유예요. 백미보다는 현미가, 정제염보다는 천일염을 건강한 식품이라 보는 것처럼요.

비정제 설탕은 정제 설탕과 같이 기계식 정제 과정을 거치지 않습니다. 사탕수수의 줄기(수숫대) 즙액(원당)을 추출해 정제하지 않고 그대로 가열하고 졸여서 만드는 방식이에요. 최소한의 과정만 거치기 때문에 순수한 당분 이외의 불순물과 영양물질을 함유하고 있답니다. 사탕수수에 함유된 미량의 영양물질을 보존하고 있지요. 비타민, 미네랄, 식이섬유, 폴리코사놀 성분뿐 아니라 마그네슘, 칼륨, 칼슘, 철분과 같은 무기질 등이 남아 있습니다.

백설탕에도 두 가지 큰 장점이 있습니다. 한 가지 장점은 백설탕으로 청을 담았을 때 색상이 맑고 선명해서 과일 고유의 색상을 해치지 않는다는 점입니다. 과일 자체가 지닌 고유한 빛깔을 돋보이게 해주지요. 아무래도 과일에서 배어 나온 색감이 그대로 표현되니 비주얼이 예뻐 판매용이나 선물용으로 눈길을 끌 수 있겠습니다.

백설탕의 다른 장점 하나는 대중적인 입맛에 맞는 '깔끔한 단맛'을 내준다는 겁니다. 입자가 작고 순도가 높아 재료 그대로의 맛을 가장 잘 표현해 주거든요. 이처럼 뒷맛이 남지 않고 재료의 맛과 색을 그대로 표현해 줍니다.

반대로 이것이 비정제 설탕의 단점이 되기도 합니다. 비정제 설탕의 색은 실제로는 자연스러운 다갈색이지만, 청을 담그면 탁하고 어두운 색이 나서 판매용으로는 다소 덜 예뻐 보입니다. 또, 백설탕처럼 촉촉하고 산뜻한 맛은 살짝 떨어질 수 있지요.

비정제 설탕은 사탕수수 당밀 특유의 향미가 있습니다. 개인적으로는 이 향과 맛을 좋아합니다. 특히 차로 즐길 때 더더욱요. 따뜻한 물에 비정제 설탕으로 담근 레몬청 한 스푼 넣어 그 맛을 음미해 보면 깊은 잔향이 참 좋거든요. 백설탕이 마치 도도하고 세련된 느낌의 텍스쳐라면, 비정제 설탕은 구수한 듯 감칠맛이 나는 자연스러운 텍스쳐랄까요?

	백설탕	비정제 설탕
색상	맑고 선명한 색상	탁하고 어두운 색상
향	무향	특유의 향
맛	깔끔하고 부드러운 맛	특유의 맛
입자	곱고 일정	굵고 일정하지 않음
순도	고순도	저순도

가정에서는 흔히 백설탕을 이용하니 백설탕의 장점을 살려 이용하되, 비정제 설탕이 지닌 농후한 풍미를 강조하고 싶을 때나 건강을 생각한 청을 담글 때 비정제 설탕을 이용해도 좋겠습니다.

백설탕이 과일과 만나 빠르게 수분을 빼내는 데 비해 입자가 굵은 비정제 설탕은 녹이는 데 시간이 꽤 걸립니다. 빨리빨리를 외치는 일상생활에서 비정제 설탕이 서서히 녹아드는 걸 보면, 녹여 본 사람만이 아는 쾌감이랄까요? 비정제 설탕이 맑게 녹은 청을 병에 담을 때 성취감마저 느껴진답니다. 느림이 주는 기분 좋은 선물입니다.

03　유기농 설탕

설탕은 유통기한 없이 판매가 가능한 식품입니다. '유통기한 표시 생략 제품' 중의 하나이지요. 수분활성도가 매우 낮기(8% 이하) 때문입니다. 다만 흑설탕은 제조공정상 수분(시럽)이 첨가되기 때문에 유통기한이 3년 정도입니다. 또 비정제 설탕이나 유기농 설탕의 경우 적게는 1년 6개월, 많아도 2~3년으로 유통기한이 기재되어 있으니 참고하여 구매하는 것이 좋겠습니다.

비정제 설탕과 유기농 설탕의 차이점도 많이 궁금해하시더라고요. 비정제 설탕이 정제하는 과정을 거치지 않은 설탕이다 보니 사탕수수 자체를 건강하게 재배하는 것이 중요할 텐데요. 가능한 '유기농법으로 재배된 비정제 설탕'을 선택하는 것을 추천합니다.

똑똑한 설탕을 고르는 법도 귀띔할게요. 제품 뒷면의 원재료를 먼저 확인합니다. 원재료 및 함량에 사탕수수 100%, 혹은 사탕수수당 100%라고 기재되어 있으면 비정제 설탕입니다. 다음으로는 마그네슘, 철분, 칼슘의 함유량을 비교해서 함량이 높은 제품을 선택하는 것이 좋아요.

가급적 비정제 설탕으로 선택하고, 조금 덜 먹는다면 충분히 행복한 음료를 즐길 수 있습니다. 무엇이든 적당히 먹으면 테라피스트, 과도한 섭취는 테러리스트니까요!

04　올리고당과 꿀

설탕의 대체 당으로 올리고당을 사용하기도 합니다만, 저는 추가로 넣어주는 방식을 종종 이용합니다. 이렇게 하면 보존기간도 늘릴 수 있고요. 꿀 역시 같은 방식으로 담그는 편입니다. 벌꿀을 넣어주면 뒷맛이 부드럽습니다. 또 항균, 항박테리아성의 살균 효과도 더할 수 있어요. 단, 설탕보다 당도가 높고, 꿀마다의 향, 색감, 맛도 달라 설탕의 전량을 대체하기에는 쉽지 않습니다.

꿀은 미네랄과 항산화물질이 풍부한 천연 벌꿀을 추천합니다. 사양꿀은 벌에게 인위적으로 설탕물을 먹여 만들어지지요. 천연 벌꿀을 구분하는 정확한 방법이 있습니다. 제품 뒷면의 라벨에서 탄소 동위원소비를 확인하는 것입니다. 식약처 기준으로는 -23.5%, 한국양봉협회에서는 탄소 동위원소가 -22.5도 이하 꿀을 천연 벌꿀이라 규정하고 있습니다.(-22.5% 초과 시 사양꿀) 꿀에 함유된 탄소 값을 측정하여 다른 물질의 혼합여부를 알아내는 것이지요.

천연 벌꿀은 꿀이 수집된 꽃에 따라 크게 아카시아 꿀, 야생화꿀(잡화꿀), 밤꿀 등으로 나뉩니다.

아카시아꿀은 5월에 피기 시작하는 아카시아꽃에서 채밀한 꿀입니다. 우리나라 꿀 생산량의 70~80%를 차지하는 대중적인 꿀인데요. 과당과 포도당이 다량 함유되어 당도가 높습니다.

야생화꿀은 이른 봄부터 늦가을까지 다양한 수목들과 여러 꽃에서 채취되는 꿀이기 때문에 지역과 시기에 따라 색상과 향이 달라집니다. 항산화물질, 영양소가 가장 풍부하게 함유되어 있습니다.

밤꿀은 6월 중순~7월 중순까지 만개한 밤꽃에서 채취한 꿀입니다. 밤꿀은 영양이 풍부하고 풍미도 깊지만 쌉싸름한 맛이 나므로 수제청에는 권하지 않습니다.

꿀의 향과 맛, 특징을 고려하여 수제청에 활용하면 됩니다.

	향미	색
아카시아꿀	부드러운 향과 맛	맑고 투명한 빛깔
야생화꿀	진하고 묵직한 맛	갈색
밤꿀	쌉싸름한 맛	짙은 갈색

수제청 & 음료 레시피 100

노곤노곤해지는 늦은 오후,
나만의 홈 카페를 열어봅니다.
입안을 감싸는 달콤한 기쁨.
느린 수제청을 만나볼 시간.

조금 서툴러도 괜찮아요.

01

레몬청

lemon

Ingredients

레몬 180g
레몬즙 35g
설탕 165g
꿀 25g

How To

1 깨끗하게 세척한 레몬은 표면의 물기를 완전히 말려줍니다.

2 레몬의 한쪽 꼭지를 잘라줍니다.

3 다른 한쪽 끝도 잘라낸 뒤 레몬을 세로로 세워줍니다.

4 세운 모양 그대로 레몬을 1/2로 잘라줍니다.

5 다시 가로로 눕힌 뒤 반달 모양으로 자릅니다.

6 레몬 분량의 일부는 동그랗게 자릅니다. 음료 제조 시 데코로 이용할 수 있습니다.
    이때 레몬 씨앗도 포크를 이용해 모두 제거합니다.

7 씨 없이 손질한 레몬과 착즙한 레몬즙을 설탕에 재웁니다.
    깨끗한 나무수저로 가볍게 뒤섞거나 버무려주면 녹는 시간을 줄일 수 있습니다.

8 시간의 흐름에 따라 설탕의 서걱거림이 잦아듭니다. 설탕이 다 녹은 레몬청을
    소독된 병에 담고 꿀을 뿌려 보관합니다.

* 설탕 녹는 속도) 느린 편입니다.

Tip

1 레몬 씨를 제거하지 않으면 레몬청에서 쓴맛이 우러납니다. 레몬 씨는 반드시 제거해 주세요.

2 소독한 병에 설탕-레몬-설탕-레몬-설탕 순으로 켜켜이 쌓는 방법은 설탕이 녹는 시간이 오래
   걸립니다. 설탕을 완전히 녹이지 않고 병입하는 경우에도 설탕이 아래로 가라앉아요. 설탕을
   완전히 녹이고 병입해 주세요.

3 레몬 표면에는 왁스, 광택제, 농약 등이 남아 있습니다. 껍질째 재우는 레몬이므로 굵은 소금
   스크럽과 끓는 물에 데치는 과정을 꼼꼼하게 진행해 주세요.

4 꿀의 종류와 내용은 p30에서 확인하실 수 있어요.

그린티레모네이드

green tea lemonade

Ingredients	말차파우더 1/2T*
	뜨거운 물 2T
	레몬청 2T
	탄산수 1C
	작게 부순 얼음 가득

How To	1 뜨거운 물에 말차파우더를 넣고 입자가 풀리도록 차선*으로 풀어주세요.
	2 컵에 레몬청을 넣어주세요.
	3 얼음을 가득 채우고 탄산수를 부어주세요.

Tip	* 1T는 성인 밥숟가락 기준으로 넉넉한 한 숟가락 정도입니다.
	* 차선_ 물과 가루차를 섞을 때 사용하는 도구입니다. 없을 경우 티스푼으로 잘 녹여주세요.

02

백향과청

passion fruit

Ingredients   백향과 과육 225g

설탕 175g

How To   1 백향과는 흐르는 물에 세척한 뒤 표면에 물기를 남기지 않고 준비합니다.

2 껍질이 두꺼워 먼저 칼로 껍질에 슥슥 금을 내면 자르기 쉽습니다.

3 칼에 힘을 주어 패션프루트를 반으로 잘라줍니다.

4 스푼으로 패션프루트 과육과 씨, 과즙을 모두 긁어냅니다.

5 백향과 과육과 씨, 과즙을 설탕에 재웁니다.

　 깨끗한 나무수저로 가볍게 뒤섞거나 버무려 주면 녹는 시간을 줄일 수 있습니다.

6 시간의 흐름에 따라 설탕의 서걱거림이 잦아듭니다.

　 설탕이 다 녹은 백향과청을 소독된 병에 담으면 완성됩니다.

* 설탕 녹는 속도) 빠른 편입니다.

Tip   1 백향과는 표면이 매끈할수록 신맛이 강하고, 표면이 쭈글쭈글할수록 단맛이 강합니다.

2 백향과는 실온에 후숙한 뒤 사용하거나, 기호에 따라 신맛이 강한 상태로 청을 담아도 괜찮습니다.

3 백향과를 반으로 자르면 안에 있는 과육이 바로 흘러내립니다. 백향과를 처음 접하는 경우 가급적
   볼을 받치고 자르거나 패션프루트의 1/2, 정중앙이 아닌 1/3 지점을 자르는 편이 손실이 적습니다.

4 백향과청은 새콤달콤하고 엽산이 풍부하여 신맛이 당기고 입덧이 심한 임산부에게 추천합니다.

백향과라떼

passion fruit latte

Ingredients	백향과청 3T
	차가운 우유 1/2C

How To	1 컵에 백향과청을 넣어주세요.
	2 백향과청 위로 차가운 우유를 부어주세요.

03

석류청

pomegranate

Ingredients   석류알 235g

설탕 145g

How To

1 석류는 깨끗하게 세척한 뒤 표면에 물기를 남기지 않고 준비합니다.

2 석류 꼭지에 칼을 넣어 칼집을 냅니다.

3 석류 꼭지를 그대로 동그랗게 잘라냅니다.

4 석류 알맹이를 피해 하얀 내피 부분에 칼집을 6~7개 정도 내줍니다.

5 칼집을 넣어준 석류는 손에 힘을 주어 쪼개 줍니다.

6 바닥에 볼을 받치고 석류껍질을 나무스푼 등으로 통통 내리쳐서 붉은 알맹이만 분리합니다.

7 분리한 석류알을 설탕에 재웁니다. 깨끗한 나무 수저로 가볍게 뒤섞거나 버무려 주면 녹는 시간을 줄일 수 있습니다.

8 시간의 흐름에 따라 설탕의 서걱거림이 잦아듭니다. 설탕이 다 녹은 석류청을 소독된 병에 담으면 완성됩니다.

* 설탕 녹는 속도) 느린 편입니다.

Tip

1 좋은 석류는 눈으로 봤을 때 붉은색이 선명하고 껍질이 단단합니다.
들어보아 무게가 묵직한 것으로 고르면 알알이 잘 들어찬 석류입니다.

2 석류의 씨앗에는 식이섬유가 풍부합니다.
석류 알맹이를 씨 그대로 착즙하여 일부 넣어주면 석류의 영양을 섭취하는 데 도움이 됩니다.

3 석류청을 샐러드 소스로 뿌려 먹어도 맛있습니다.

석류버터플라이피에이드

pomegranate butterfly-pea ade

Ingredients

석류청 3T
얼음 1C
탄산수 1/2C
뜨거운 물 2큰술
버터플라이피 4~5송이

How To

1 물에 버터플라이피 꽃잎 4~5개를 넣어 우려주세요.

2 컵에 석류청을 넣어주세요.

3 석류청 위로 얼음을 넣고 탄산수를 부어주세요.

4 얼음 위로 식힌 버터플라이피꽃차를 부어주세요.

Tip

물에 버터플라이피를 우리면 푸른빛이 나지만 레몬 등의 산성과 만나면 수색이 보랏빛으로 변합니다.

04

파인애플청

pineapple

파인애플 과육 240g

설탕 135g

1 파인애플은 껍질째 깨끗하게 세척하고 꼭지와 밑동을 잘라냅니다.

2 파인애플을 껍질째 세로로 세우고 칼을 위에서 아래로 힘주어 1/2로 잘라줍니다.

3 반으로 잘라낸 파인애플의 크기에 따라서 다시 3~5등분으로 잘라줍니다.

4 파인애플을 가로로 놓은 뒤 가운데 있는 섬유질 심지 부분을 일자로 제거합니다.

5 파인애플의 껍질과 과육을 포를 뜨듯이 분리해줍니다.

6 분리한 파인애플 과육을 큐브 모양으로 작게 잘라줍니다.

7 큐브 모양으로 작게 자른 파인애플 과육을 설탕에 재웁니다.

   깨끗한 나무 수저로 가볍게 뒤섞거나 버무리면 녹는 시간을 줄일 수 있습니다.

8 시간의 흐름에 따라 설탕의 서걱거림이 잦아듭니다.

   설탕이 다 녹은 파인애플청을 소독된 병에 담으면 파인애플청이 완성됩니다.

* 설탕 녹는 속도) 보통입니다.

1 파인애플 손질법이 어렵다면 꼭지와 밑동을 제거한 파인애플을 세워 돌려가며, 과도로 껍질
   부분만 제거해도 됩니다.

2 파인애플에 함유된 브로멜린(Bromelain) 성분은 단백질을 분해하는 역할을 합니다.
   따라서 고기를 재울 때 파인애플청을 넣어 활용하면 육질을 부드럽게 만들어줍니다.

3 파인애플은 잘랐을 때 달콤한 향이 강하게 날수록 당도가 높은 것입니다.

4 파인애플의 과즙은 바닥 부분에 모여 있으니 잎 쪽(꼭지 부분)을 아래로 하여 실온에 하루쯤
   두었다 먹어 보세요. 단맛이 고루 퍼져 전체적으로 맛있습니다.

5 청으로 담글 때는 너무 후숙되지 않아야 산미와 당도의 밸런스가 맞습니다.

파인애플요거트
pineapple yogurt

Ingredients

파인애플청 2T
요거트 1C

청포도슬라이스 약간
오트밀 또는 시리얼 약간

How To

1 볼에 요거트를 담아주세요.
2 요거트 위에 시리얼을 얹어주세요.
3 파인애플청과 청포도를 얹어주세요.

레몬파인애플청
lemon pineapple

Ingredients

레몬 135g

파인애플 115g

설탕 140g

How To

1 깨끗하게 세척한 레몬은 표면에 물기를 남기지 않고 준비합니다.

2 레몬의 끝부분은 쓴맛을 유발하므로 레몬의 꼭지를 잘라줍니다.

3 다른 한쪽 끝도 잘라낸 뒤 레몬을 세로로 세워줍니다.

4 세운 모양 그대로 레몬을 1/2로 잘라줍니다.

5 다시 가로로 눕혀 반달 모양으로 자릅니다. 이때 레몬의 씨도 모두 제거해줍니다.

6 파인애플은 손질법대로 손질하고(46p 참고), 파인애플의 껍질과 과육을 포를 뜨듯
   분리해줍니다.

7 분리한 파인애플 과육을 큐브 모양으로 작게 잘라줍니다.

8 씨를 제거한 레몬과 작게 자른 파인애플을 설탕에 재웁니다. 깨끗한 나무 수저로
   가볍게 뒤섞거나 버무려 주면 녹는 시간을 줄일 수 있습니다.

9 시간의 흐름에 따라 설탕의 서걱거림이 잦아듭니다. 설탕이 다 녹은 레몬파인애플
   청을 소독된 병에 담으면 완성됩니다.

* 설탕 녹는 속도) 보통입니다.

Tip

1 레몬 씨앗은 쓴맛을 유발하므로 모두 제거해 주세요.

2 파인애플 손질법이 어렵다면 꼭지와 밑동을 제거한 파인애플을 세워 돌려가며, 과도로 껍질
   부분만 제거해도 됩니다.

3 파인애플에 함유된 브로멜린(Bromelain) 성분은 단백질을 분해하는 역할을 합니다.
   따라서 고기를 재울 때 파인애플청을 넣어 활용하면 육질을 부드럽게 만들어줍니다.

4 파인애플은 잘랐을 때 달콤한 향이 강하게 날수록 당도가 높은 것입니다.

5 파인애플의 과즙은 바닥 부분에 모여 있으니 잎 쪽(꼭지 부분)을 아래로 하여 실온에 하루쯤
   두었다 먹어 보세요. 단맛이 고루 퍼져 전체적으로 맛있습니다.

6 청으로 담글 때는 너무 후숙되지 않아야 산미와 당도의 밸런스가 맞습니다.

허브레몬파인에이드

herb lemon pineapple ade

Ingredients	레몬파인청 3T
	탄산수 1C
	작게 부순 얼음 가득

How To	1 컵에 레몬파인청을 2T 넣어주세요.
	2 레몬파인청 위로 얼음을 가득 채우고 탄산수를 부어주세요.
	3 레몬파인청 1T는 과육 중심으로 얼음 위에 올리고 허브를 얹어주세요.

06

파인애플사과청
pineapple apple

Ingredients

파인애플 145g

사과 95

설탕 135g

How To

1 파인애플은 손질법대로 손질하고(46p 참고), 파인애플의 껍질과 과육을 포를 뜨듯 분리해줍니다.

2 분리한 파인애플 과육을 큐브 모양으로 작게 잘라줍니다.

3 사과는 깨끗하게 세척하고 물기를 닦은 뒤 껍질째 1/2로 잘라줍니다.

4 칼을 눕혀 사과의 씨와 꼭지 부분을 제거해줍니다.

5 사과를 뒤집어 얇게 슬라이스 해줍니다.

6 다시 사과를 가로로 돌려 반달 모양으로 자릅니다.

7 손질하여 작게 자른 파인애플과 얇게 자른 사과를 설탕에 재웁니다. 깨끗한 나무 수저로 가볍게 뒤섞거나 버무려 주면 녹는 시간을 줄일 수 있습니다.

8 시간의 흐름에 따라 설탕의 서걱거림이 잦아듭니다. 설탕이 다 녹은 파인애플사과 청을 소독한 병에 담으면 완성됩니다.

* 설탕 녹는 속도) 보통입니다.

Tip

1 파인애플 손질법이 어렵다면 꼭지와 밑동을 제거한 파인애플을 세워 돌려가며, 과도로 껍질 부분만 제거해도 됩니다.

2 파인애플에 함유된 브로멜린(Bromelain) 성분은 단백질을 분해하는 역할을 합니다. 따라서 고기를 재울 때 파인애플청을 넣어 활용하면 육질을 부드럽게 만들어줍니다.

3 파인애플은 잘랐을 때 달콤한 향이 강하게 날수록 당도가 높은 것입니다.

4 사과껍질에는 항산화 성분인 폴리페놀이 풍부합니다. 껍질째 섭취하는 만큼 흐르는 물에 꼼꼼하게 세척합니다.

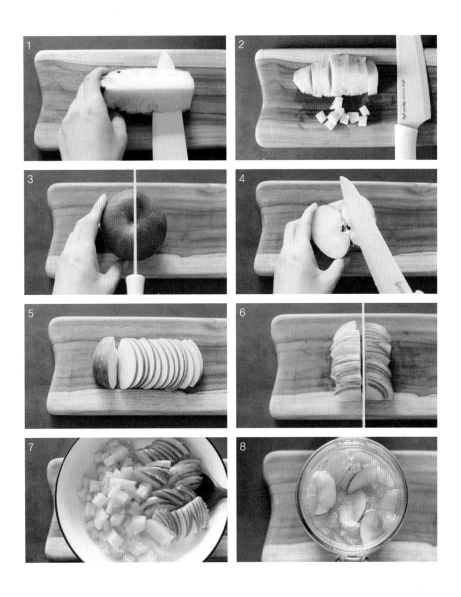

캐모마일파인사과티

Chamomile pineapple apple tea

Ingredients

파인사과청 2T
캐모마일 티백 1개
물 1C
작게 부순 얼음 가득

How To

1 뜨거운 물에 캐모마일 티백을 5분 우린 뒤 티백을 빼주세요.

2 컵에 파인사과청을 2T 넣어주세요.

3 수제청 위로 얼음을 넣어주세요.

4 우려서 식힌 캐모마일티를 부어주세요.

5 파인애플과 허브로 장식해 주세요.

Tip

비타민과 식이섬유가 풍부한 사과와 파인애플의 만남. 티포트에 데워 따뜻하게 마시면 감기
예방에도 좋습니다.

07

석류파인애플청

pomegranate pineapple

석류 140g
파인애플 135g
설탕 115g

1 깨끗하게 세척해 물기를 남기지 않고 준비한 석류는 꼭지를 동그랗게 잘라냅니다.

2 석류의 알맹이를 피해 하얀 내피 부분에 칼집을 6~7개 정도 내줍니다. 이때 알맹이가 상하지 않도록 칼을 안쪽까지 깊숙이 넣어 자르지 않습니다.

3 칼집을 넣어준 석류는 손에 힘을 주어 하나씩 쪼개어줍니다.

4 바닥에 볼을 받치고 석류껍질을 한 조각씩 나무수저 등으로 통통 내리쳐서 붉은 알맹이만 분리합니다.

5 파인애플은 손질법대로 손질하고(46p 참고), 파인애플의 껍질과 과육을 포를 뜨듯 분리해줍니다.

6 분리한 파인애플 과육을 큐브 모양으로 작게 잘라줍니다.

7 손질된 석류알맹이와 작게 자른 파인애플을 설탕에 재웁니다. 깨끗한 나무 수저로 가볍게 뒤섞거나 버무려 주면 녹는 시간을 줄일 수 있습니다.

8 시간의 흐름에 따라 설탕의 서걱거림이 잦아듭니다. 설탕이 다 녹은 석류파인애플 청을 소독한 병에 담으면 완성됩니다.

* 설탕 녹는 속도) 보통입니다.

1 좋은 석류는 눈으로 봤을 때 붉은색이 선명하고 껍질이 단단합니다. 들어보아 무게가 묵직한 것으로 고르면 알알이 잘 들어찬 석류입니다.

2 석류의 씨앗에는 식이섬유가 풍부합니다. 석류알맹이를 씨 그대로 착즙하여 일부 넣어주면 석류의 영양을 섭취하는 데 도움이 됩니다.

3 석류청을 샐러드 소스로 뿌려 먹어도 맛있습니다.

4 파인애플에 함유된 브로멜린(Bromelain) 성분은 단백질을 분해하는 역할을 합니다. 따라서 고기를 재울 때 파인애플청을 넣어 활용하면 육질을 부드럽게 만들어줍니다.

5 파인애플은 잘랐을 때 달콤한 향이 강하게 날수록 당도가 높은 것입니다.

석류파인에이드

pomegranate pineapple ade

Ingredients

석류파인청 2T
탄산수 1C
그라나딘 시럽 1/2T
작게 부순 얼음 가득

How To

1 컵에 석류파인청과 그라니딘 시럽을 넣어주세요.

2 과일청 위로 얼음을 가득 채워주세요.

3 얼음 위로 탄산수를 부어주세요.

4 석류파인애플청 과육과 허브를 얹어주세요.

사과석류청
pomegranate apple

사과 95g
석류 145g
유기농 설탕 100g

1 사과는 껍질째 깨끗하게 세척하고 물기를 남기지 않고 준비합니다.

2 사과를 껍질째 1/2로 자릅니다.

3 칼을 눕혀 사과의 씨와 꼭지 부분을 제거해줍니다.

4 그대로 사과를 뒤집어 얇게 슬라이스하고 다시 1/2로 잘라줍니다.

5 깨끗하게 세척해 물기를 남기지 않고 준비한 석류는 꼭지를 동그랗게 잘라냅니다.

6 석류 알을 피해 하얀 내피 부분에 칼집을 6~7개 정도 내줍니다. 이때 알맹이가 상하지 않도록 칼을 안쪽까지 깊숙이 넣어 자르지 않습니다.

7 칼집을 넣어준 석류는 손에 힘을 주어 쪼개어줍니다.

8 바닥에 볼을 받치고 석류껍질을 한 조각씩 나무수저 등으로 통통 내리쳐서 붉은 알맹이만 분리합니다.

9 얇게 자른 사과와 분리한 석류 알맹이를 설탕에 재웁니다. 깨끗한 나무 수저로 가볍게 뒤섞거나 버무려 주면 녹는 시간을 줄일 수 있습니다.

10 시간의 흐름에 따라 설탕의 서걱거림이 잦아듭니다. 다 녹은 사과석류청을 소독된 병에 담으면 완성됩니다.

* 설탕 녹는 속도) 느린 편입니다.

1 사과석류청을 유기농 설탕으로 담그면 청의 풍미가 좋습니다.

2 사과껍질에는 항산화 성분인 폴리페놀이 풍부합니다. 껍질째 섭취하는 만큼 흐르는 물에 꼼꼼하게 세척합니다.

3 석류청을 샐러드 소스로 뿌려 먹어도 맛있습니다.

석류사과에이드

pomegranate apple ade

석류사과청 2T
탄산수 1C
얼음 1/2C

1 컵에 석류사과청을 2T 넣어주세요.
2 석류사과청 위로 얼음을 채우고 탄산수를 부어주세요.

시나몬사과청

cinnamon apple

사과 200g

시나몬 스틱 1개

유기농 설탕 150g

1 사과는 껍질째 깨끗하게 세척하고 물기를 남기지 않고 준비합니다.

2 사과를 껍질째 1/2로 자릅니다.

3 칼을 눕혀 사과의 씨와 꼭지 부분을 제거해줍니다.

4 그대로 사과를 뒤집어 얇게 슬라이스 합니다.

5 얇게 슬라이스한 사과를 다시 1/2로 잘라줍니다.

6 시판 시나몬 스틱을 준비합니다.

7 시나몬 스틱은 흐르는 물에 가볍게 씻어 완전히 건조합니다.

8 얇게 슬라이스한 사과와 자른 시나몬 스틱을 설탕에 재웁니다. 깨끗한 나무 수저로 가볍게 뒤섞거나 버무려 주면 녹는 시간을 줄일 수 있습니다.

9 시간의 흐름에 따라 설탕의 서걱거림이 잦아듭니다. 설탕이 다 녹은 사과시나몬 청을 소독된 병에 담으면 완성됩니다.

* 설탕 녹는 속도) 보통입니다.

1 시나몬(Cinnamon)은 나무껍질을 벗겨서 건조한 향신료입니다. 가루는 텁텁함이 있어 스틱 형태를 구입하는 것을 추천하지만 시나몬 가루를 소량 첨가하면 더 진한 맛을 낼 수 있습니다.

2 시나몬은 약간의 달콤함과 독특한 청량감을 지니고 있습니다. 시나몬 특유의 그윽하고 섬세한 맛이 사과청을 한층 부드럽게 해줍니다.

67

시나몬사과티

cinnamon apple tea

시나몬사과청 2T
따뜻한 물 1C
우유 폼

시나몬파우더 약간
시나몬 스틱 1/2개

How To

1 따뜻한 물에 시나몬사과청을 2T 넣어 잘 섞어주세요.
2 우유 폼을 얹어주세요.
3 시나몬파우더를 솔솔 뿌려주세요.
4 시나몬 스틱을 얹어주세요.

Tip

가정에서 우유 폼은 프렌치프레스나 전동 거품기를 이용합니다.
준비되어 있지 않다면 우유를 70도 넘지 않게 데워 휘핑하는 방법이 있습니다.

사과레몬청
apple lemon

레몬 135g
사과 110g
설탕 140g

1 깨끗하게 세척한 레몬은 표면에 물기를 남기지 않고 준비합니다.

2 레몬의 끝부분은 쓴맛을 유발하므로 레몬의 꼭지를 잘라줍니다.

3 레몬의 모양을 그대로 살려 동그랗게 잘라줍니다.

4 레몬의 씨는 쓴맛을 유발하므로 포크를 이용해 깨끗하게 제거합니다.

5 사과는 껍질째 깨끗하게 세척하여 준비합니다.

6 물기를 남기지 않고 준비한 사과를 껍질째 1/2로 자릅니다.

7 칼을 눕혀 사과의 씨와 꼭지 부분을 제거해줍니다.

8 그대로 사과를 뒤집어 얇게 슬라이스 합니다.

9 얇게 슬라이스한 사과를 다시 1/2로 잘라줍니다.

10 씨 없이 손질한 레몬과 얇게 자른 사과를 설탕에 재웁니다. 깨끗한 나무 수저로
   가볍게 뒤섞거나 버무려 주면 녹는 시간을 줄일 수 있습니다.

11 시간의 흐름에 따라 설탕의 서걱거림이 잦아듭니다. 설탕이 다 녹은 사과레몬청을
   소독된 병에 담으면 완성됩니다.

* 설탕 녹는 속도) 보통입니다.

1 레몬청을 담았는데 쓴맛이 나서 먹지 못하는 경우가 종종 생깁니다. 레몬 씨를 제거하지 않으면
  레몬청에 쓴맛이 우러납니다. 레몬 씨는 반드시 제거해 주세요.

2 사과를 얇게 자를수록 녹는 속도가 빠르고 맛이 잘 우러납니다.

3 사과는 껍질째 들어가므로 깨끗하게 세척합니다.

4 사과 껍질에는 과육보다 플라보노이드(flavonoid)가 다량 함유되어 있습니다. 플라보노이드에는
  항암, 심장질환 예방 효과가 있어 우리 몸의 든든한 방어 역할을 해줍니다.

사과레모네이드

apple lemonade

사과레몬청 2T
탄산수 1C
작게 부순 얼음 가득

사과 슬라이스

How To

1 컵에 사과레몬청을 2T 넣어주세요.
2 과일청 위로 얼음을 가득 채워가며 사과 슬라이스를 컵 안쪽에 붙여주세요.
3 남은 얼음을 마저 채우고 탄산수를 부어주세요.
4 슬라이스 사과와 허브를 얹어주세요.

11

레드키위청
red kiwi

Ingredients	레드키위 250g
	설탕 150g

*레드키위, 골드키위, 그린키위 모든 과정 동일합니다.

How To

1 레드키위는 물기를 남기지 않고 준비하여 칼로 꼭지 부분을 제거합니다.

2 한 손으로 레드키위를 잡고 칼을 이용해 위에서 아래로 껍질을 모두 벗겨줍니다.

3 레드키위를 가로로 놓고 두껍지 않게 일정한 두께로 슬라이스합니다.

4 레드키위를 다시 큐브 모양으로 작게 썰어줍니다.

5 큐브 모양으로 작게 자른 레드키위를 설탕에 재웁니다. 깨끗한 나무 수저로 가볍게 뒤섞거나 버무려 주면 녹는 시간을 줄일 수 있습니다.

6 시간의 흐름에 따라 설탕의 서걱거림이 잦아듭니다. 설탕이 다 녹은 레드키위청을 소독된 병에 담으면 레드키위청이 완성됩니다.

* 설탕 녹는 속도) 빠른 편입니다.

Tip

1 키위 껍질을 벗길 때 사과 깎듯이 돌려 깎으면 과육 전체가 지저분해집니다. 따라서 칼을 이용하여 위에서 아래로 껍질을 벗겨주면 깨끗하게 손질할 수 있습니다.

2 수입과일로 많이 알려진 참다래는 키위를 우리나라에서 재배하며 명명된 이름입니다. 늦가을~겨울에 맛보는 참다래에는 다량의 비타민과 섬유질이 함유하고 있어 국산 참다래로 청을 담가도 좋습니다.

3 키위는 수확 후 일정 기간 후숙하여 먹는 후숙 과일이나 수제청으로 담글 때 너무 익혀 키위가 물러지면 숙성되는 동안 식감 및 맛에도 영향을 미칩니다. 과숙되지 않도록 주의합니다.

4 키위를 바나나나 사과와 함께 보관하면 빨리 익습니다.

5 키위에는 단백질 분해 효소인 액티니딘이 들어 있습니다. 소고기의 연육 작용을 도우므로 불고기 요리 등에 한 스푼씩 활용하면 좋습니다.

6 레드키위는 무화과와 키위를 접목한 과일입니다. 열매 살이 붉은빛을 띠는 레드키위는 키위의 품종 중 당도가 가장 높으며 부드럽고 달콤한 특징을 가지고 있습니다.

7 키위에는 식이섬유, 칼륨, 엽산 등 영양이 풍부합니다. 특히 레드키위 1개당 일일 엽산 권장량 1/5 이상이 함유되어 있어 임산부에게 추천합니다.

레드키위크림라떼

red kiwi cream latte

레드키위청 2T
우유 1C
우유 폼

1 컵에 레드키위청을 2T 넣어주세요.

2 과일청 위로 차가운 우유를 부어주세요.

3 우유 폼을 얹어주세요.

우유 폼 대신 휘핑한 생크림을 얹어 더욱 부드러운 맛을 즐길 수 있습니다.

12

망고파인애플청
mango pineapple

망고 115g

파인애플 135g

설탕 125g

1 망고는 깨끗하게 세척하고, 물기를 남기지 않고 준비합니다.

2 망고를 세워 망고 가운데 단단한 씨를 중심으로 칼을 대고, 씨를 피해 양쪽의 과육만 최대한 일직선으로 잘라줍니다.

3 망고를 잡고 가로로 4~5번, 세로로 9~10번 정도 격자로 칼집을 넣습니다. 이때 망고의 껍질까지 잘리지 않도록 주의합니다.

4 망고의 양쪽 끝을 잡고 안에서 바깥으로, 꽃이 피어나는 것처럼 뒤로 젖혀줍니다.

5 잘 익은 망고는 껍질과 과육이 잘 떨어집니다. 포크나 숟가락, 칼을 이용하여 껍질과 과육을 분리합니다.

6 망고과육을 큐브 모양으로 작게 잘라냅니다.

7 파인애플은 손질법대로 손질하고(46p 참고), 파인애플의 껍질과 과육을 포를 뜨듯 분리해줍니다.

8 분리된 파인애플 과육을 큐브 모양으로 작게 잘라줍니다.

9 손질한 망고와 파인애플을 설탕에 재웁니다. 깨끗한 나무 수저로 가볍게 뒤섞거나 버무려 주면 녹는 시간을 줄일 수 있습니다.

10 시간의 흐름에 따라 설탕의 서걱거림이 잦아듭니다. 설탕이 다 녹은 망고파인애플청을 소독된 병에 담으면 완성됩니다.

* 설탕 녹는 속도) 빠른 편입니다.

1 청으로 담글 때는 과하게 숙성되지 않은 망고가 좋습니다. 껍질과 과육이 잘 분리되지 않는 망고는 아직 덜 익은 상태의 망고입니다.

2 망고 씨에도 어느 정도 과육이 남아 있으니 칼이나 숟가락으로 긁어내면 손실을 줄일 수 있습니다.

3 '골드파인애플'은 파인애플이 먹기 좋게 익었을 때 파인애플의 껍질이 황금색으로 변한다고 하여 붙여진 이름입니다. 신맛과 단맛이 어우러져 맛있게 즐길 수 있습니다.

4 파인애플은 생리 불순을 완화해주고 소화불량, 신경성 피로 해소를 돕는 성분을 함유하고 있으므로 여성들에게 추천합니다.

5 파인애플은 과육 부분이 단단하고, 잎은 작은 것을 고르는 것이 좋습니다.

망고파인에이드

mango pineapple ade

Ingredients

망고파인청 2T
망고시럽 약간
탄산수 1C
작게 부순 얼음 1/2C

How To

1 컵에 망고파인청 2T와 망고시럽을 넣어주세요.

2 과일청 위로 얼음을 채우고 탄산수를 부어주세요.

3 파인애플 조각으로 장식하고 허브를 얹어주세요.

4 마시기 전에 잘 섞어주세요.

Tip

사용한 망고시럽은 MONIN 모닌 시럽으로 가성비가 좋으며 맛과 향에 있어 무난하게 사용할 수 있는 제품입니다.

13

망고패션프루트청
mango passionfruit

Ingredients

망고 90g

패션프루트 130g

설탕 145g

How To

1 망고는 깨끗하게 세척하고, 물기를 남기지 않고 준비합니다.

2 망고를 세워 망고 가운데 단단한 씨를 중심으로 칼을 대고, 씨를 피해 양쪽의 과육만 최대한 일직선으로 잘라줍니다.

3 망고를 잡고 가로로 4~5번, 세로로 9~10번 정도 격자로 칼집을 넣습니다. 이때 망고의 껍질까지 잘리지 않도록 주의합니다.

4 망고의 양쪽 끝을 잡고 안에서 바깥으로, 꽃이 피어나는 것처럼 뒤로 젖혀줍니다.

5 잘 익은 망고는 껍질과 과육이 잘 떨어집니다. 포크나 숟가락, 칼을 이용하여 껍질과 과육을 분리합니다.

6 망고과육을 큐브 모양으로 작게 잘라냅니다.

7 깨끗하게 세척해 물기를 남기지 않고 준비한 패션프루트는 반으로 잘라줍니다.

8 숟가락으로 패션프루트 과육과 씨, 과즙을 모두 긁어냅니다.

9 작게 자른 망고와 패션프루트 과육을 설탕에 재웁니다. 깨끗한 나무 수저로 가볍게 뒤섞거나 버무려 주면 녹는 시간을 줄일 수 있습니다.

10 시간의 흐름에 따라 설탕의 서걱거림이 잦아듭니다. 설탕이 다 녹은 망고패션 프루트청을 소독된 병에 담으면 완성됩니다.

* 설탕 녹는 속도) 빠른 편입니다.

Tip

1 망고를 냉장고에 장기 보관 시 검은색으로 변색될 수 있으니 주의합니다.

2 망고를 섭취하면 체내의 소화 작용을 활성화시키는 데 도움이 됩니다. 망고는 장의 연동운동을 촉진시켜주므로 변비의 예방과 개선에 효과적입니다.

3 패션프루트를 구입하고 상온에서 숙성시키면 점차 신맛이 약해지고 단맛이 강해집니다. 숙성이 진행될수록 과일 표면이 쭈글쭈글 주름이 생기며 울퉁불퉁해집니다.

4 패션프루트에는 베타카로틴과 베타크립크산틴 성분이 풍부하여 면역력을 높이고 눈의 건강을 돕습니다.

타임망고패션프루트

thyme mango passionfruit

망고패션프루트 3T
탄산수 1C
얼음 1/2C

타임 1줄기

1 컵에 망고패션프루트청을 3T 넣어주세요.
2 과일청 위로 얼음을 가득 채우고 탄산수를 부어주세요.
3 타임을 얹어주세요.

14

파인애플패션프루트사과청
pineapple passionfruit apple

Ingredients

파인애플 120g

패션프루트 30g

사과즙 75g

설탕 150g

How To

1 파인애플은 껍질째 깨끗하게 세척하고 꼭지와 밑동을 잘라냅니다.

2 파인애플을 껍질째 세로로 세우고 칼을 위에서 아래로 힘주어 1/2로 잘라줍니다.

3 반으로 잘라낸 파인애플의 크기에 따라서 다시 3~5등분으로 잘라줍니다.

4 파인애플을 가로로 놓은 뒤 가운데 있는 섬유질 심지 부분을 일자로 제거합니다.

5 파인애플의 껍질과 과육을 포를 뜨듯이 분리해줍니다.

6 분리한 파인애플 과육을 큐브 모양으로 작게 잘라줍니다.

7 깨끗하게 세척해 물기를 남기지 않고 준비한 패션프루트는 반으로 잘라줍니다.

8 숟가락으로 패션프루트 과육과 씨, 과즙을 모두 긁어냅니다.

9 작게 자른 파인애플과 패션프루트 과육, 설탕을 담은 볼에 사과즙을 넣어주세요.

10 설탕에 재우는 동안 깨끗한 나무 수저로 가볍게 뒤섞어 주면 녹는 시간을 줄일 수 있습니다.

11 시간의 흐름에 따라 설탕의 서걱거림이 잦아듭니다. 설탕이 다 녹은 파인애플패션프루트사과청을 소독된 병에 담으면 완성됩니다.

*설탕 녹는 속도) 빠른 편입니다.

Tip

1 파인애플은 잘랐을 때 달콤한 향이 강하게 날수록 당도가 높은 것입니다.

2 사과껍질에는 항산화 성분인 폴리페놀이 풍부합니다. 껍질째 섭취하는 만큼 흐르는 물에 꼼꼼하게 세척합니다.

파인애플패션프루트

pineapple passion fruit

Ingredients

파인애플패션프루트 3T
탄산수 1C
얼음 1C

로즈마리

How To

1 컵에 파인애플패션프루트청을 2T 넣어주세요.

2 과일청 위로 얼음을 가득 채우고 탄산수를 부어주세요.

3 로즈마리를 얹어주세요.

15

오렌지청

orange

오렌지 220g

설탕 150g

1 깨끗이 세척한 오렌지는 물기를 남기지 않고 준비합니다.

2 오렌지의 꼭지 부분을 칼로 제거합니다.

3 오렌지를 가로로 놓고 오렌지의 아랫면도 칼로 잘라주세요.

4 오렌지 껍질에 칼을 넣어 오렌지의 껍질만 제거해줍니다.

5 오렌지를 한 바퀴 돌려가며 칼로 둥글게 껍질을 깎아냅니다.

6 오렌지의 속껍질 사이에 칼집을 내어 과육만 도려냅니다.

7 이렇게 모든 껍질이 깨끗하게 제거된 상태의 오렌지 알맹이만 사용합니다.

8 껍질을 제거한 오렌지 과육을 설탕에 재웁니다. 깨끗한 나무 수저로 가볍게
   뒤섞거나 버무려 주면 녹는 시간을 줄일 수 있습니다.

9 시간의 흐름에 따라 설탕의 서걱거림이 잦아듭니다. 설탕이 다 녹은 오렌지청을
   소독된 병에 담으면 오렌지청이 완성됩니다.

* 설탕 녹는 속도) 보통입니다.

1 오렌지와 같은 시트러스류의 껍질에는 리모넨(Limonene)이 함유되어 있습니다. 리모넨은 피부
   세포 재생, 피부 보습에 도움을 줍니다.

2 오렌지의 겉껍질과 속껍질을 모두 제거하고 알맹이만으로 청을 담게 되면, 청을 마실 때 이질감이
   없다는 장점이 있습니다. 따라서 이 책에서는 질긴 섬유질을 모두 제거하고 만듭니다.

3 오렌지의 과육에는 귤락(橘絡)이라는 하얀 섬유소가 붙어 있습니다. 오렌지의 영양을 있는 그대로
   즐기려면 귤락을 제거하지 않는 편이 좋습니다.

4 오렌지는 섬유질과 비타민A가 풍부하여 피로 해소와 피부미용에 도움을 줍니다. 또한 오렌지에는
   지방과 콜레스테롤이 함유되어 있지 않습니다. 따라서 성인병 예방에도 도움을 주는 과일입니다.

5 오렌지 껍질을 제스트로 만들거나 채 치듯 썰어 넣으면 향과 맛이 더욱 풍부해집니다.

카라카라오렌지에이드

carcar orange ade

Ingredients

오렌지청 2T
카라카라오렌지 과육 1T
탄산수 1C
얼음 1C

로즈마리
오렌지 슬라이스 조각

How To

1 컵에 카라카라오렌지 과육을 넣고 머들러로 으깨주세요.
2 오렌지청을 2T 넣어주세요.
3 과일청 위로 얼음을 가득 채우고 탄산수를 부어주세요.
4 로즈마리와 오렌지슬라이스 조각을 얹어주세요.

16

딸기청

strawberry

딸기 270g

레몬즙 8g

설탕 105g

1 깨끗하게 세척한 딸기는 표면에 물기를 남기지 않고 준비합니다.

2 꼭지를 제거한 딸기의 일부는 1/2로 자릅니다.

3 나머지 딸기는 모두 세로로 세워 모양 그대로 잘라줍니다.

4 딸기를 다시 큐브 모양으로 작게 자릅니다.

5 볼에 손질하여 작게 자른 딸기와 설탕을 담아줍니다.

6 딸기와 설탕을 담은 볼에 착즙한 레몬즙을 넣습니다. 깨끗한 나무 수저로 가볍게 뒤섞거나 버무려 주면 녹는 시간을 줄일 수 있습니다.

7 시간의 흐름에 따라 설탕의 서걱거림이 잦아듭니다. 설탕이 다 녹은 딸기청을 소독된 병에 담으면 딸기청이 완성됩니다.

＊ 설탕 녹는 속도) 보통입니다.

1 딸기는 수분에 매우 약한 과일이므로 잘 무르고 곰팡이도 피기 쉽습니다. 딸기를 세척할 때는 가볍게 씻어내고 바로 물기를 말려줍니다.

2 레몬즙은 당도가 강한 딸기청에 산미를 더해줍니다. 레몬즙을 추가함으로 더욱 새콤달콤한 딸기 청을 즐길 수 있습니다.

3 딸기의 씹히는 식감을 원한다면 일부는 큼지막하게 잘라 넣는 것이 좋습니다.

4 딸기에는 엘라그산(ellagic acid)이 많이 함유되어 있습니다. 엘라그산은 DNA 손상을 감소시키고 전립선암과 대장암 예방 효과가 있습니다. 또한 자외선(UV)에 의한 피부 주름을 막아주며 마그네슘과 미네랄 성분이 다량 함유되어 있어 탈모에 도움을 주며 비듬을 예방하기도 합니다.

5 딸기에는 붉은색을 내는 천연 색소 안토시아닌(anthocyanin)이 다량 함유되어 있어 안구건조증이나 백내장 등의 안질환을 예방하는 데 도움을 줍니다.

16

딸기버블말차라떼

strawberry bubble matcha latte

Ingredients

딸기청 2T
타피오카펄 2T
우유 1C
녹차아이스크림 2스쿱

How To

1 컵에 삶은 타피오카펄을 넣어주세요.
2 타피오카펄 위로 딸기청을 넣고 그 위로 우유를 부어주세요.
3 녹차 아이스크림을 둥글게 떠서 올려주세요.

Tip

* 타피오카펄 삶는 방법
1 끓는 물에 타피오카 펄을 넣고 20분 삶아주세요.
2 불을 끄고 10분 뜸을 들여주세요.
3 체에 밭쳐 찬물에 헹궈주세요.

17

딸기레몬청
strawberry lemon

딸기 115g
		레몬 105g
		설탕 160g

1	깨끗하게 세척한 딸기는 표면에 물기를 남기지 않고 준비합니다.

	2	꼭지를 제거한 딸기의 일부는 1/2로 자릅니다.

	3	나머지 딸기는 모두 세로로 세워 모양 그대로 잘라줍니다.

	4	딸기를 다시 큐브 모양으로 작게 자릅니다.

	5	깨끗하게 세척한 레몬은 표면에 물기를 남기지 않고 준비합니다.

	6	레몬의 끝부분은 쓴맛을 유발하므로 레몬의 꼭지를 잘라줍니다.

	7	다른 한쪽 끝도 잘라낸 뒤 레몬을 세로로 세워줍니다.

	8	세운 모양 그대로 레몬을 1/2로 잘라줍니다.

	9	다시 가로로 눕힌 뒤 반달 모양으로 자릅니다. 이때 레몬 씨앗도 포크를 이용해 모두 제거합니다.

	10	작게 자른 딸기와 씨를 뺀 레몬을 설탕에 재웁니다. 깨끗한 나무 수저로 가볍게 뒤섞거나 버무려 주면 녹는 시간을 줄일 수 있습니다.

	11	시간의 흐름에 따라 설탕의 서걱거림이 잦아듭니다. 설탕이 다 녹은 딸기레몬청을 소독된 병에 담으면 완성됩니다.

							* 설탕 녹는 속도) 느린 편입니다.

1	좋은 딸기는 꼭지가 마르지 않고 진한 푸른색을 띱니다. 습도에 약한 과일이니 씻지 않고 보관합니다. 보관은 1주일을 넘기지 않는 것이 좋습니다.

	2	딸기를 세척할 때는 꼭지째 씻어줍니다.

그린티딸기레모네이드

green tea strawberry lemonade

Ingredients

딸기레몬청 3T
탄산수 1C
얼음 1/2C
녹차티백 1개
뜨거운 물 1C

How To

1 뜨거운 물에 녹차티백을 넣고 5분 우려주세요.

2 컵에 식힌 1을 1/2컵만 따르고 딸기레몬청을 넣어 잘 섞어주세요.

3 다른 컵에 얼음을 채운 다음 2와 탄산수를 부어주세요.

4 허브와 과일로 장식해 주세요.

18

한라봉레몬청
Hanrabong lemon

레몬 170g
한라봉즙 45g
유기농 설탕 165g

1 깨끗이 세척하여 물기를 남기지 않고 준비한 한라봉은 손으로 꼭지를 떼어줍니다.

2 손으로 한라봉 껍질을 전부 벗겨냅니다.

3 분량의 한라봉을 착즙하여 준비합니다.

4 깨끗하게 세척한 레몬은 표면에 물기를 남기지 않고 준비합니다.

5 레몬의 양쪽 끝부분은 쓴맛을 유발하므로 레몬의 꼭지를 잘라줍니다.

6 레몬의 모양을 그대 살려 동그랗게 잘라줍니다.

7 레몬의 씨는 쓴맛을 유발하므로 포크를 이용해 깨끗하게 제거합니다.

8 착즙한 한라봉 즙과 씨 없이 손질한 레몬을 설탕에 재웁니다. 깨끗한 나무 수저로 가볍게 뒤섞거나 버무려 주면 녹는 시간을 줄일 수 있습니다.

9 시간의 흐름에 따라 설탕의 서걱거림이 잦아듭니다. 설탕이 다 녹은 한라봉레몬 청을 소독된 병에 담으면 한라봉레몬청이 완성됩니다.

* 설탕 녹는 속도) 느린 편입니다.

1 한라봉은 껍질이 얇은 것이 당도가 높습니다.

2 한라봉과 같은 감귤류에는 카로티노이드(Carotenoids) 성분이 풍부하게 함유되어 있습니다. 이는 노화를 예방하고 갱년기 증상 완화에 도움을 줍니다. 또 한라봉에는 비타민C가 풍부하여 피로 해소와 감기 예방, 면역 기능 강화에도 효과적인 과일입니다.

민트한라봉레모네이드

mint hanrabong lemonade

Ingredients

한라봉레몬청 2T
탄산수 1C
얼음 1/2C

애플민트
레몬 슬라이스

How To

1 컵에 한라봉레몬청을 2T 넣어주세요.
2 과일청 위로 얼음을 채우고 탄산수를 부어주세요.
3 애플민트와 레몬 슬라이스로 장식해 주세요.

19

블루베리딸기청
blueberry strawberry

Ingredients
블루베리 125g

딸기 95g

설탕 135g

How To

1 깨끗하게 세척한 블루베리는 체에 밭쳐 물기를 남기지 않고 준비합니다.

2 깨끗하게 세척한 딸기는 표면에 물기를 남기지 않고 준비합니다.

3 꼭지를 제거한 딸기를 1/2로 자릅니다.

4 볼에 물기 없는 블루베리와 반으로 자른 딸기, 설탕을 담아줍니다.

5 깨끗한 나무 수저로 가볍게 뒤섞거나 버무려 주면 녹는 시간을 줄일 수 있습니다.

6 시간의 흐름에 따라 설탕의 서걱거림이 잦아듭니다. 설탕이 다 녹은 블루베리 딸기청을 소독된 병에 담으면 블루베리딸기청이 완성됩니다.

* 설탕 녹는 속도) 느린 편입니다.

Tip

1 블루베리에는 항산화제 성분이 다량 함유되어 있어 탄력 있고 건강한 피부를 유지하는 데 도움을 줍니다.

2 딸기에는 엘라그산(ellagic acid)이 많이 함유되어 있습니다. 엘라그산은 DNA 손상을 감소시키고 전립선암과 대장암 예방 효과가 있습니다. 또한 자외선(UV)에 의한 피부 주름을 막아주며 마그네슘과 미네랄 성분이 다량 함유되어 있어 탈모에 도움을 주며 비듬을 예방하기도 합니다.

3 딸기에는 붉은색을 내는 천연 색소 안토시아닌(anthocyanin)이 다량 함유되어 있어 안구건조증이나 백내장 등의 안질환을 예방하는 데 도움을 줍니다.

히비스커스베리딸기티

hipblueberry strawberry tea

Ingredients

블루베리딸기청 2T
얼음 1/2C
물 1C
히비스커스 티백 1개

How To

1 끓인 물에 히비스커스 티백을 넣고 5분 이내로 우린 뒤 티백을 빼고 식혀주세요.

2 컵에 블루베리딸기청을 2T 넣어주세요.

3 과일청 위로 얼음을 채우고 우려 식힌 티를 부어주세요.

Tip

히비스커스에는 딸기의 약 100배에 달하는 안토시아닌이 풍부하게 함유되어 있지만, 임산부에게는 부작용이 있어 권하지 않습니다.

블루베리파인딸기청

*blueberry pineapple
strawberry*

블루베리 75g
파인애플 120g
딸기 30g
설탕 145g

How To

1 깨끗하게 세척한 블루베리는 체에 밭쳐 물기를 남기지 않고 준비합니다.

2 파인애플은 껍질째 깨끗하게 세척하고 꼭지와 밑동을 잘라냅니다.

3 파인애플을 껍질째 세로로 세우고 칼을 위에서 아래로 힘주어 1/2로 잘라줍니다.

4 반으로 잘라낸 파인애플의 크기에 따라서 다시 3~5등분으로 잘라줍니다.

5 파인애플을 가로로 놓은 뒤 가운데 있는 섬유질 심지 부분을 일자로 제거합니다.

6 파인애플의 껍질과 과육을 포를 뜨듯이 분리해줍니다.

7 분리한 파인애플 과육을 큐브 모양으로 작게 잘라줍니다.

8 깨끗하게 세척한 딸기는 표면에 물기를 남기지 않고 준비합니다.

9 꼭지를 제거한 딸기의 일부는 1/2로 자릅니다.

10 딸기를 다시 큐브 모양으로 작게 자릅니다.

11 손질한 파인애플 과육과 블루베리, 작게 자른 딸기를 설탕에 재웁니다. 깨끗한 나무 수저로 가볍게 뒤섞거나 버무려 주면 녹는 시간을 줄일 수 있습니다.

12 시간의 흐름에 따라 설탕의 서걱거림이 잦아듭니다. 설탕이 다 녹은 블루베리 파인애플딸기청을 소독된 병에 담으면 완성됩니다.

* 설탕 녹는 속도) 보통입니다.

Tip

1 블루베리파인애플딸기청은 각각의 고유한 맛과 향을 가진 세 가지 과일이 어우러진 맛있는 청으로 사계절 과일의 맛을 풍부하게 느낄 수 있습니다.

2 블루베리에는 칼슘, 철, 망간 등이 풍부하게 함유되어 있습니다. 특히 망간은 뼈의 성장을 돕고 생리 전 증후군(PMS) 완화에도 도움이 됩니다.

블루베리파인딸기에이드

blueberry pineapple strawberry ade

Ingredients

블루베리파인딸기청 2T
탄산수 1C
얼음 1/2C

딸기 슬라이스
블루베리 슬라이스

How To

1 컵에 블루베리파인딸기청을 2T 넣어주세요.

2 과일청 위로 얼음을 채우고 탄산수를 부어주세요.

3 딸기 슬라이스와 블루베리 슬라이스를 얹어주세요.

Tip

항산화물질이 풍부한 블루베리파인딸기청. 새콤달콤해서 기분전환에 좋아요.

민트레몬청

mint lemon

레몬 205g

애플민트 3줄기

설탕 180g

1 애플민트는 흐르는 물에 세척하고 물기를 남기지 않습니다.

2 깨끗하게 세척한 레몬은 표면에 물기를 남기지 않고 준비합니다.

3 레몬의 끝부분은 쓴맛을 유발하므로 레몬의 꼭지를 잘라줍니다.

4 다른 한쪽 끝도 잘라낸 뒤 레몬을 세로로 세워줍니다.

5 세운 모양 그대로 레몬을 1/2로 잘라줍니다.

6 다시 가로로 눕힌 뒤 반달 모양으로 자릅니다.

7 레몬 분량의 일부는 동그랗게 자릅니다. 음료 제조 시 데코로 이용할 수 있습니다.
이때 레몬 씨앗도 포크를 이용해 모두 제거합니다.

8 씨 없이 손질한 레몬을 설탕에 재웁니다. 깨끗한 나무 수저로 가볍게 뒤섞거나
버무려 주면 녹는 시간을 줄일 수 있습니다.

9 시간의 흐름에 따라 설탕의 서걱거림이 잦아듭니다. 소독된 병에 애플민트와
레몬청을 담으면 민트레몬청이 완성됩니다.

* 설탕 녹는 속도) 느린 편입니다.

1 레몬청을 담았는데 쓴맛이 나서 먹지 못하는 경우가 종종 생깁니다. 레몬 씨를 제거하지 않으면
레몬청에 쓴맛이 우러납니다. 레몬 씨는 반드시 제거하는 것이 좋습니다.

2 꿀을 50g 추가하면 부드러운 단맛을 내줍니다.

블루민트레모네이드

blue mint lemonade

Ingredients

민트레몬청 2T
탄산수 1C
작게 부순 얼음 1C
블루큐라소 시럽
레몬 슬라이스

How To

1 블루시럽과 민트레몬청을 섞어주세요.

2 컵에 1을 넣고 얼음의 일부를 채우세요.

3 컵의 안쪽에 레몬 슬라이스를 교차로 붙여주세요.

4 남은 얼음을 모두 채우고 탄산수를 부어주세요.

Tip

1 블루큐라소 시럽은 푸른빛을 띠는 시럽으로 오렌지 향이 납니다. MONIN 블루큐라소 시럽은
   온라인에서 어렵지 않게 구매할 수 있습니다.

2 블루큐라소 시럽 대신 민트 시럽을 넣고 민트잎을 찧어 모히토로 즐길 수도 있어요.

블루베리레몬청
blueberry lemon

블루베리 80g
레몬 145g
설탕 165g

How To

1 깨끗하게 세척한 블루베리는 체에 밭쳐 물기를 남기지 않고 준비합니다.

2 깨끗하게 세척한 레몬은 표면에 물기를 남기지 않고 준비합니다.

3 레몬의 끝부분은 쓴맛을 유발하므로 레몬의 꼭지를 잘라줍니다.

4 레몬의 다른 한쪽도 자르고 레몬의 모양을 그대로 살려 동그랗게 잘라줍니다.

5 레몬의 씨는 쓴맛을 유발하므로 포크를 이용해 깨끗하게 제거합니다.

6 레몬 분량의 일부는 1/2로 잘라줍니다.

7 물기를 말린 블루베리와 씨를 제거한 레몬을 설탕에 재웁니다. 깨끗한 나무 수저로 가볍게 뒤섞거나 버무려 주면 녹는 시간을 줄일 수 있습니다.

8 시간의 흐름에 따라 설탕의 서걱거림이 잦아듭니다. 설탕이 다 녹은 블루베리 레몬청을 소독된 병에 담으면 블루베리레몬청이 완성됩니다.

* 설탕 녹는 속도) 느린 편입니다.

Tip

1 블루베리에는 항산화제 성분이 다량 함유되어 있어 탄력 있고 건강한 피부를 유지하는 데 도움을 줍니다.

2 블루베리를 고를 때는 과육이 단단한 것을 고르는 것이 좋습니다.

3 블루베리 표면의 은백색 가루를 과분(waxy bloom)이라 합니다. 천연 블루베리는 과분이 많을수록 당도가 높고 영양소가 풍부합니다.

블루베리레모네이드

blueberry lemonade

Ingredients

블루베리레몬청 2T
탄산수 1C
얼음 1/2C

레몬 슬라이스

How To

1 컵에 블루베리레몬청을 넣어주세요.

2 과일청 위로 얼음을 채우고 탄산수를 부어주세요.

3 레몬 슬라이스로 장식해 주세요.

4 마시기 전 바닥의 블루베리레몬청을 잘 섞어주세요.

딸기파인청

strawberry pineapple

Ingredients 딸기 65g
파인애플 175g
설탕 140g

How To

1 깨끗하게 세척한 딸기는 표면에 물기를 남기지 않고 준비합니다.

2 꼭지를 제거한 딸기의 일부는 1/2로 자릅니다.

3 딸기를 다시 큐브 모양으로 작게 자릅니다.

4 파인애플은 껍질째 깨끗하게 세척하고 꼭지와 밑동을 잘라냅니다.

5 파인애플을 껍질째 세로로 세우고 칼을 위에서 아래로 힘주어 1/2로 잘라줍니다.

6 반으로 잘라낸 파인애플의 크기에 따라서 다시 3~5등분으로 잘라줍니다.

7 파인애플을 가로로 놓은 뒤 가운데 있는 섬유질 심지 부분을 일자로 제거합니다.

8 파인애플의 껍질과 과육을 포를 뜨듯이 분리해줍니다.

9 분리한 파인애플 과육을 큐브 모양으로 작게 잘라줍니다.

10 볼에 손질하여 작게 자른 파인애플과 딸기를 담고 설탕에 재웁니다. 깨끗한 나무 수저로 가볍게 뒤섞거나 버무려 주면 녹는 시간을 줄일 수 있습니다.

11 시간의 흐름에 따라 설탕의 서걱거림이 잦아듭니다. 설탕이 다 녹은 딸기파인 애플청을 소독된 병에 담으면 딸기파인애플청이 완성됩니다.

* 설탕 녹는 속도) 보통입니다.

Tip

1 딸기는 수분에 매우 약한 과일이므로 잘 무르고 곰팡이도 피기 쉽습니다. 딸기를 세척할 때는 흐르는 물에 가볍게 씻어내고 바로 물기를 말려줍니다.

2 딸기청을 만들 때 딸기를 자르는 크기는 취향에 따라 잘라 넣어도 좋습니다. 씹히는 식감을 원한다면 일부는 큼지막하게 잘라 넣거나 자르지 않고 넣어도 좋습니다.

3 딸기에는 엘라그산(ellagic acid)이 많이 함유되어 있습니다. 엘라그산은 DNA 손상을 감소시키고 전립선암과 대장암 예방 효과가 있습니다. 또한 자외선(UV)에 의한 피부 주름을 막아주며 마그네슘과 미네랄 성분이 다량 함유되어 있어 탈모에 도움을 주며 비듬을 예방하기도 합니다.

애플민트딸기파인에이드
apple mint strawberry pineapple ade

Ingredients

딸기파인청 2T
탄산수 1C
얼음 1/2C

딸기 슬라이스
파인애플 슬라이스

How To

1 컵에 딸기파인청을 넣어주세요.

2 과일청 위로 얼음을 일부 채우고 딸기, 파인애플 슬라이스를 넣어주세요.

3 탄산수를 부어주세요.

4 애플민트를 얹어주세요.

24

오렌지레몬청
orange lemon

Ingredients
오렌지 120g

레몬 100g

설탕 155g

How To

1 깨끗이 세척한 오렌지는 물기를 남기지 않고 준비합니다.

2 오렌지의 꼭지 부분을 칼로 제거합니다.

3 오렌지를 가로로 놓고 오렌지의 아랫면도 칼로 잘라주세요.

4 오렌지 껍질에 칼을 넣어 오렌지의 껍질만 제거해줍니다.

5 오렌지를 한 바퀴 돌려가며 칼로 둥글게 껍질을 깎아냅니다.

6 오렌지의 속껍질 사이에 칼집을 내어 과육만 도려냅니다.

7 이렇게 모든 껍질이 깨끗하게 제거된 상태의 오렌지 알맹이만 사용합니다.

8 깨끗하게 세척한 레몬은 표면에 물기를 남기지 않고 준비합니다.

9 레몬의 끝부분은 쓴맛을 유발하므로 레몬의 꼭지를 잘라줍니다.

10 다른 한쪽 끝도 잘라낸 뒤 레몬을 세로로 세워줍니다.

11 세운 모양 그대로 레몬을 1/2로 잘라줍니다.

12 다시 가로로 눕힌 뒤 반달 모양으로 자릅니다. 이때 레몬 씨앗도 포크를 이용해 모두 제거합니다.

13 껍질을 제거한 오렌지 과육과 씨 없이 준비한 레몬을 설탕에 재웁니다. 깨끗한 나무 수저로 가볍게 뒤섞거나 버무려 주면 녹는 시간을 줄일 수 있습니다.

14 시간의 흐름에 따라 설탕의 서걱거림이 잦아듭니다. 설탕이 다 녹은 오렌지레청을 소독된 병에 담으면 오렌지레몬청이 완성됩니다.

* 설탕 녹는 속도) 보통입니다.

Tip

1 오렌지와 같은 시트러스류의 껍질에는 리모넨(Limonene)이 함유되어 있습니다. 리모넨은 피부 세포 재생, 피부 보습에 도움을 줍니다.

2 오렌지의 겉껍질과 속껍질을 모두 제거하고 알맹이만으로 청을 담게 되면, 청을 마실 때 이질감이 없다는 장점이 있습니다. 따라서 이 책에서는 질긴 섬유질을 모두 제거하고 만듭니다.

3 오렌지의 과육에는 귤락(橘絡)이라는 하얀 섬유소가 붙어 있습니다. 오렌지의 영양을 있는 그대로 즐기려면 귤락을 제거하지 않는 편이 좋습니다.

오렌지레모네이드

orange lemonade

Ingredients

오렌지레몬청 3T
탄산수 1C
작게 부순 얼음 1/2C

레몬 슬라이스
로즈마리
타임

How To

1 컵에 오렌지레몬청을 넣어주세요.
2 과일청 위로 얼음을 채우고 탄산수를 부어주세요.
3 레몬 슬라이스와 허브를 얹어주세요.

25

체리청
cherry

Ingredients

체리 210g
레몬즙 25g
설탕 130g

How To

1 체리를 깨끗하게 세척하고 체에 밭쳐 체리의 물기를 빼줍니다.

2 물기를 모두 없앤 체리의 꼭지를 떼어냅니다.

3 칼로 체리를 한 바퀴 돌려 손으로 비틀면 반으로 쉽게 갈라집니다.

4 체리의 씨를 전부 제거하고 1/2로 썰어줍니다.

5 볼에 손질한 체리와 설탕을 담아 준비합니다.

6 손질한 체리와 설탕에 착즙한 레몬즙을 넣고 설탕에 재웁니다. 깨끗한 나무 수저로
   가볍게 뒤섞거나 버무려 주면 녹는 시간을 줄일 수 있습니다.

7 시간의 흐름에 따라 설탕의 서걱거림이 잦아듭니다. 설탕이 다 녹은 체리청을
   소독된 병에 담으면 체리청이 완성됩니다.

* 설탕 녹는 속도) 보통입니다.

Tip

1 체리청과 설탕만으로 청을 담그게 되면 단맛이 강한 청이 완성됩니다. 레몬즙은 단맛이 강한
   체리청에 산미를 더해줍니다. 레몬즙을 추가함으로 더욱 새콤달콤한 딸기청을 즐길 수 있습니다.

2 체리에 함유된 안토시아닌(anthocyanin)은 세포의 손상을 막고 노폐물 증가를 억제하여 노화
   예방에 도움을 줍니다.

체리콕

cherry coke

Ingredients

체리청 2T
콜라 1C
얼음 1/2C

체리 슬라이스
허브

How To

1 컵에 체리청을 넣어주세요.
2 과일청 위로 얼음을 채우고 콜라를 부어주세요.
3 체리 슬라이스와 허브를 얹어주세요.

레몬체리베리청
lemon cherry berry

레몬 90g

블루베리 95g

체리 45g

설탕 160g

How To

1 깨끗하게 세척한 레몬은 표면에 물기를 남기지 않고 준비합니다.

2 레몬의 끝부분은 쓴맛을 유발하므로 레몬의 꼭지를 잘라줍니다.

3 다른 한쪽 끝도 잘라낸 뒤 레몬을 세로로 세워줍니다.

4 세운 모양 그대로 레몬을 1/2로 잘라줍니다.

5 다시 가로로 눕힌 뒤 반달 모양으로 자릅니다.

6 체리를 깨끗하게 세척하고 체에 밭쳐 체리의 물기를 빼줍니다.

7 물기를 모두 없앤 체리의 꼭지를 떼어냅니다.

8 칼로 체리를 한 바퀴 돌려 손으로 비틀면 반으로 쉽게 갈라집니다.

9 체리의 씨를 전부 제거하고 1/2로 썰어줍니다.

10 깨끗하게 세척한 블루베리는 체에 밭쳐 물기를 남기지 않고 준비합니다.

11 볼에 손질한 체리와 설탕에 착즙한 레몬즙을 넣고 설탕에 재웁니다. 깨끗한 나무 수저로 가볍게 뒤섞거나 버무려 주면 녹는 시간을 줄일 수 있습니다.

12 시간의 흐름에 따라 설탕의 서걱거림이 잦아듭니다. 설탕이 다 녹은 레몬체리 베리청을 소독된 병에 담으면 레몬체리베리청이 완성됩니다.

* 설탕 녹는 속도) 느린 편입니다.

Tip

체리에 함유된 안토시아닌(anthocyanin)은 피부 면역력을 높여주고, 세포의 손상을 막고 노폐물 증가를 억제하여 노화 예방에 도움을 줍니다.

레몬체리베리에이드

lemon cherry berry ade

Ingredients

레몬체리베리청 2T
탄산수 1C
굵은 얼음 2~3개
작게 부순 얼음 1/2C

How To

1 컵에 레몬체리베리청을 넣어주세요.

2 과일청 위로 굵은 얼음과 작게 부순 얼음을 채우고 탄산수를 부어주세요.

3 체리로 장식해 주세요.

27

자몽청

grapefruit

Ingredients

자몽 슬라이스 140g
자몽즙 85g
설탕 130g
꿀 20g
히비스커스 3g

How To

1 깨끗이 세척한 자몽은 물기를 남기지 않고 준비합니다.

2 자몽의 꼭지 부분을 칼로 제거합니다.

3 자몽의 다른 아랫면도 칼로 잘라냅니다.

4 자몽에 칼을 깊숙이 넣어 1/2로 자릅니다.

5 자몽을 자른 그대로 엎어 껍질째 일정하게 자릅니다.

6 자몽을 한 번 더 반달 모양으로 자릅니다.

7 슬라이스한 자몽과 자몽즙을 꿀과 설탕에 재웁니다. 깨끗한 나무 수저로 가볍게 뒤섞거나 버무려 주면 녹는 시간을 줄일 수 있습니다.

8 시간의 흐름에 따라 설탕의 서걱거림이 잦아듭니다. 설탕이 다 녹은 자몽청을 소독된 병에 담고 히비스커스를 넣어주면 자몽청이 완성됩니다.

* 설탕 녹는 속도) 느린 편입니다.

Tip

1 껍질째 즐기는 자몽청으로 자몽 껍질 특유의 쌉싸름한 맛을 진하게 느낄 수 있습니다.

2 자몽에는 신맛, 단맛, 쓴맛이 섞여 있으며 비타민C가 풍부하여 감기 예방, 피로 해소, 숙취에 도움이 됩니다.

3 자몽청은 변질되기 쉽습니다. 특히 더운 여름철에는 보관에 유의합니다.

4 자몽껍질이 일부 그대로 들어가기 때문에 쌉쌀한 맛이 우러납니다. 쓴맛을 줄이려면 겉껍질과 속껍질을 모두 제거하고 과육만 넣거나, 자몽제스트만 추가해도 좋습니다.

허니자몽블랙티

honey grapefruit black tea

<table>
<tr><td>Ingredients</td><td>자몽청 2T
물 1C
홍차 티백 1개
얼음 1/2C
꿀 1/2T</td></tr>
</table>

Ingredients

자몽청 2T
물 1C
홍차 티백 1개
얼음 1/2C
꿀 1/2T

How To

1 뜨거운 물에 홍차 티백을 넣고 우려주세요.

2 컵에 자몽청과 꿀을 넣고 섞어주세요.

3 2의 위로 얼음을 채우고 우려내어 식힌 홍차를 부어주세요.

4 마시기 전에 잘 섞어주세요.

28

복숭아레몬청
peach lemon

레몬 135g
복숭아 115g
설탕 145g

1 깨끗하게 세척한 레몬은 표면에 물기를 남기지 않고 준비합니다.

2 레몬 꼭지를 자르고 모양을 살려 동그랗게 슬라이스 합니다. 이때 레몬의 씨앗도 모두 제거합니다.

3 물기 없이 준비한 복숭아에 가로로 칼집을 내줍니다.

4 다시 세로로 칼집을 내면 십자 모양이 됩니다.

5 손으로 비틀어 분리한 후 씨를 제거해줍니다.

6 껍질을 제거하고 작은 크기로 깍둑썰기해 줍니다.

7 씨 없이 손질한 레몬과 손질한 복숭아를 설탕에 재웁니다. 깨끗한 나무 수저로 가볍게 뒤섞거나 버무려 주면 녹는 시간을 줄일 수 있습니다.

8 시간의 흐름에 따라 설탕의 서걱거림이 잦아듭니다. 설탕이 다 녹은 복숭아레몬청을 소독된 병에 담으면 완성됩니다.

* 설탕 녹는 속도) 느린 편입니다.

1 복숭아에는 비타민A와 C, 몸의 활력을 되찾아주는 엽산과 비타민B군이 다량 함유되어 있습니다.

2 복숭아는 쉽게 물러지고 더위에 금세 익어버리는 과일로 상온에 오래 보관하기 어렵습니다. 구매 후 신문지에 싸서 냉장 보관하면 보관 기간을 늘릴 수 있으나 단맛이 떨어질 수 있습니다. 상온에 보관했다면 두세 시간 정도 냉장 보관하여 꺼내 먹으면 단맛을 잘 느낄 수 있습니다.

로즈복숭아레몬티

rose peach lemon tea

복숭아레몬청 3T
로즈시럽 약간
탄산수 1C
얼음 1/2C

복숭아 슬라이스

1 컵에 복숭아레몬청을 넣어주세요.

2 과일청 위로 얼음을 채우고 탄산수를 부어주세요.

3 로즈시럽을 부어주세요.

로즈시럽은 모닌, 1883 로즈시럽 등이 무난하나 다소 자연스럽지 않은 향에 호불호가 갈릴 수 있으니 소량씩 첨가하기를 권합니다.

파인애플자몽청
pineapple grapefruit

Ingredients	파인애플 125g
	자몽 105g
	설탕 145g

How To	
	1 파인애플은 껍질째 깨끗하게 세척하고 꼭지와 밑동을 잘라냅니다.
	2 파인애플을 껍질째 세로로 세우고 칼을 위에서 아래로 힘주어 1/2로 잘라줍니다.
	3 반으로 잘라낸 파인애플의 크기에 따라서 다시 3~5등분으로 잘라줍니다.
	4 파인애플을 가로로 놓은 뒤 가운데 있는 섬유질 심지 부분을 일자로 제거합니다.
	5 파인애플의 껍질과 과육을 포를 뜨듯이 분리해줍니다.
	6 분리한 파인애플 과육을 큐브 모양으로 작게 잘라줍니다.
	7 깨끗하게 세척한 자몽은 물기를 남기지 않고 준비합니다.
	8 자몽의 꼭지 부분을 칼로 제거합니다.
	9 자몽의 아랫면도 흰 부분이 많으므로 칼로 잘라냅니다.
	10 자몽의 껍질에 칼을 넣어 자몽의 껍질만 제거해줍니다.
	11 자몽을 한 바퀴 돌려가며 칼로 둥글게 껍질을 깎아냅니다.
	12 자몽의 속껍질 사이에 칼집을 내어 자몽 과육만 도려냅니다.
	13 손질하여 작게 자른 파인애플과 껍질을 제거한 자몽 과육을 설탕에 재웁니다. 깨끗한 나무 수저로 가볍게 뒤섞거나 버무려 주면 녹는 시간을 줄일 수 있습니다.
	14 시간의 흐름에 따라 설탕의 서걱거림이 잦아듭니다. 설탕이 다 녹은 파인애플 자몽청을 소독된 병에 담으면 파인애플자몽청이 완성됩니다.

* 설탕 녹는 속도) 보통입니다.

Tip	
	1 자몽에는 신맛, 단맛, 쓴맛이 섞여 있으며 비타민C가 풍부하여 감기 예방, 피로 해소, 숙취에 도움이 됩니다.
	2 자몽은 꿀과 잘 어울립니다. 꿀 50g을 추가하면 한결 부드러운 맛의 청이 완성됩니다.

파인애플자몽에이드

pineapple grapefruit ade

Ingredients

파인애플자몽청 3T
파인애플 자몽청 과육 약간
탄산수 1C
얼음 1/2C

자몽 슬라이스

How To

1 컵에 파인애플자몽청을 넣어주세요.

2 과일청 위로 얼음을 일부 채워주세요.

3 컵 안쪽에 자몽 슬라이스를 붙여주세요.

4 얼음을 마저 채우고, 탄산수를 부어주세요.

5 파인애플자몽청 과육으로 장식해 주세요.

키위파인청

kiwi pineapple

키위 105g
파인애플 130g
설탕 135g

1 키위는 물기를 남기지 않고 준비하여 칼로 꼭지 부분을 제거합니다.

2 한 손으로 키위를 잡고 칼을 이용하여 위에서 아래로 껍질을 벗겨줍니다.

3 키위의 껍질을 전부 벗겨줍니다.

4 키위를 가로로 놓고 두껍지 않게 일정한 두께로 슬라이스합니다.

5 키위를 다시 큐브 모양으로 작게 썰어줍니다.

6 파인애플은 껍질째 깨끗하게 세척하고 꼭지와 밑동을 잘라냅니다.

7 파인애플을 껍질째 세로로 세우고 칼을 위에서 아래로 힘주어 1/2로 잘라줍니다.

8 반으로 잘라낸 파인애플의 크기에 따라서 다시 3~5등분으로 잘라줍니다.

9 파인애플을 가로로 놓은 뒤 가운데 있는 섬유질 심지 부분을 일자로 제거합니다.

10 파인애플의 껍질과 과육을 포를 뜨듯이 분리해줍니다.

11 분리한 파인애플 과육을 큐브 모양으로 작게 잘라줍니다.

12 손질해 작게 자른 키위와 파인애플 과육을 설탕에 재웁니다. 깨끗한 나무 수저로
   가볍게 뒤섞거나 버무려 주면 녹는 시간을 줄일 수 있습니다.

13 시간의 흐름에 따라 설탕의 서걱거림이 잦아듭니다. 설탕이 다 녹은 키위파인
   애플청을 소독된 병에 담으면 키위파인애플청이 완성됩니다.

* 설탕 녹는 속도) 빠른 편입니다.

1 키위 껍질을 벗길 때 사과 깎듯이 돌려 깎으면 과육 전체가 지저분해집니다. 따라서 칼을 이용하여
  위에서 아래로 껍질을 벗겨주면 깨끗하게 손질할 수 있습니다.

2 키위 구입 시 부분적으로 말랑한 것은 상하기 쉽기 때문에 고르지 않는 것이 좋습니다.

키위파인에이드

kiwi pineapple ade

Ingredients

키위파인청 3T
탄산수 1C
얼음 1/2C

키위 슬라이스
딸기 슬라이스

How To

1 컵에 키위파인청을 넣어주세요.
2 과일청 위로 얼음을 넣어주세요.
3 얼음 위로 탄산수를 부어주세요.
4 키위, 슬라이스 과육으로 장식해 주세요.

31

사과배청
apple pear

Ingredients

사과 110g

배 90g

레몬즙 40g

유기농 설탕 150g

How To

1 사과는 깨끗하게 세척하고 물기 없이 준비합니다.

2 사과 껍질째 1/2로 잘라줍니다.

3 칼을 눕혀 사과의 씨와 꼭지 부분을 제거해줍니다.

4 사과를 뒤집어 얇게 슬라이스 해줍니다.

5 다시 사과를 가로로 돌려 반달 모양으로 자릅니다.

6 깨끗하게 세척하고 물기 없이 준비한 배를 껍질째 1/2로 자릅니다.

7 칼을 눕혀 배의 씨와 꼭지 부분을 제거해줍니다.

8 배를 뒤집어 얇게 슬라이스 해줍니다.

9 다시 배를 가로로 돌려 반달 모양으로 자릅니다.

10 손질하여 작게 자른 사과와 배, 레몬즙을 설탕에 재웁니다. 깨끗한 나무 수저로 가볍게 뒤섞거나 버무려 주면 녹는 시간을 줄일 수 있습니다.

11 시간의 흐름에 따라 설탕의 서걱거림이 잦아듭니다. 설탕이 다 녹은 사과배청을 소독한 병에 담으면 사과배청이 완성됩니다.

＊설탕 녹는 속도) 보통입니다.

Tip

1 사과배청은 새콤한 맛이 덜한 대신 은은한 과일 풍미가 있어 요리에 설탕 대용으로 사용하기 좋습니다.

2 사과에는 칼륨이 풍부합니다. 체내 축적된 나트륨을 몸 밖으로 배출하도록 돕습니다.

3 배에는 루테올린이 풍부하게 함유되어 있어 가래를 멎게 하고 기관지 건강에 도움을 줍니다.

4 배에는 아스파라긴산이 함유되어 있어 간의 활동을 촉진하며, 체내 알코올 성분 분해에 도움을 줍니다.

5 사과와 배는 껍질째 사용하므로 특히 세척에 주의합니다.

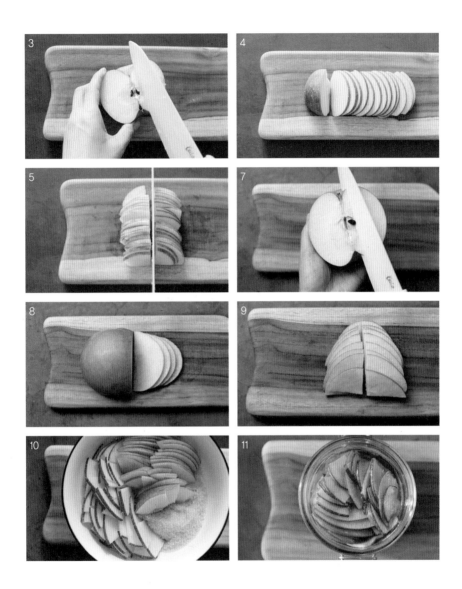

155

사과배티

apple pear tea

Ingredients

사과배청 3T
시나몬스틱 1/2개
슬라이스 생강 1쪽
물 1C

How To

1 컵을 예열해 주세요.

2 포트에 물, 시나몬스틱, 슬라이스생강, 사과배청을 넣고 5분 이내 우려주세요.

3 2를 체에 걸러주세요.

4 컵에 3을 붓고 시나몬스틱을 띄워주세요.

Tip

1 사과배청은 새콤한 맛이 덜합니다. 대신 은은한 과일 풍미가 있으므로 요리에 설탕 대용으로 사용하기 좋습니다.

2 티로 즐길 때는 시나몬스틱과 저민 생강을 띄워 은은한 생강향을 즐겨 보세요.

3 사과배청 그대로를 즐기고 싶다면 설탕량을 늘리고 충분히 숙성해야 과일 맛이 우러나요.

한라봉청

hanrabong

Ingredients   한라봉 245g
설탕 130g
레몬즙 18g

How To   1 깨끗하게 세척해 물기를 남기지 않고 준비한 한라봉은 손으로 꼭지를 떼어줍니다.

2 손으로 한라봉 껍질을 전부 벗겨냅니다.

3 한라봉 과육의 귤락은 손으로 쉽게 잘 떼어집니다.

4 한라봉에 붙은 귤락을 잡아당겨 전부 떼어냅니다.

5 귤락을 제거한 한라봉 과육을 레몬즙과 설탕에 재웁니다. 깨끗한 나무 수저로 가볍게 뒤섞거나 버무려 주면 녹는 시간을 줄일 수 있습니다.

6 시간의 흐름에 따라 설탕의 서걱거림이 잦아듭니다. 설탕이 다 녹은 한라봉청을 소독된 병에 담으면 한라봉청이 완성됩니다.

* 설탕 녹는 속도) 보통입니다.

Tip   1 한라봉의 알맹이를 으깨면서 섞어주면 설탕을 녹이는 데 도움이 되고 맛도 풍부해집니다.

2 과육 절반은 착즙하거나 갈아서 넣어도 좋습니다.

한라봉비앙코

hanrabong bianco

Ingredients

한라봉청 2~3T
한라봉 과육 약간
얼음 1/2C
에스프레소 30ml
우유 폼

How To

1 컵에 한라봉 과육과 한라봉청을 넣어주세요.

2 과일청 위로 얼음을 넣고 우유를 부어주세요.

3 얼음 위로 에스프레소를 천천히 부어주세요.

4 우유 폼을 얹어주세요.

5 말린 오렌지 슬라이스와 허브로 장식해 주세요.

33

제주유자청

jeju yuja

Ingredients   제주유자 175g
제주유자껍질 35g
유기농 설탕 165g

How To   1 제주유자는 깨끗하게 세척하여 물기를 닦아줍니다.

2 제주유자의 껍질만 얇게 벗기기 위해 필러를 이용합니다.

3 분량의 제주유자 껍질을 필러로 밀어 준비합니다.

4 제주유자를 칼을 이용해 반으로 자르고 보이는 씨를 모두 제거합니다.

5 제주유자의 과육만 착즙하거나, 손으로 쥐어짜 맑은 과즙을 준비합니다. 제주
   유자는 과즙이 많아 쥐어짜기만 해도 즙이 쉽게 나옵니다.

6 볼에 유기농 설탕을 담고 착즙한 유자를 분량의 설탕에 부어줍니다.

7 6에 제주유자의 껍질을 넣고 설탕을 녹여줍니다. 깨끗한 나무 수저로 가볍게
   뒤섞거나 버무려 주면 녹는 시간을 줄일 수 있습니다.

8 시간의 흐름에 따라 설탕의 서걱거림이 잦아듭니다. 설탕이 다 녹은 제주유자
   청을 소독된 병에 담으면 제주유자청이 완성됩니다.

* 설탕 녹는 속도) 보통입니다.

Tip   1 제주유자는 껍질이 두껍고 울퉁불퉁하지만 과즙이 풍부합니다.

2 제주유자의 꼭지는 세척과정에서 자연스럽게 제거됩니다.

3 유자청은 빵에 잼 대용이나 샐러드 소스로 곁들여도 좋고 요거트에 타 먹어도 맛있게 즐길 수
   있습니다.

4 제주유자는 일반 유자와 맛과 향이 다르며 쌉싸름한 맛이 더 강합니다.

제주유자라씨

jeju yuja lassi

Ingredients

제주유자청 5T
플레인 요거트 1C

얼음 약간

How To

1 제주유자청, 얼음, 플레인 요거트를 준비합니다.
2 입자가 느껴지도록 너무 곱지 않게 갈아주세요.
3 기호에 따라 소금, 꿀을 첨가하여 주세요.

금귤청
kumquat

금귤 270g

레몬즙 18g

설탕 125g

1 금귤을 깨끗하게 세척하고 체에 밭쳐 물기를 없애줍니다.

2 금귤의 위 꼭지 부분을 잘라줍니다.

3 일정한 두께로 잘라줍니다.

4 초록색 씨를 모두 제거합니다.

5 볼에 씨를 제거한 금귤과 분량의 설탕을 담아줍니다.

6 분량의 착즙한 레몬즙을 넣어줍니다.

7 6을 깨끗한 나무 수저로 가볍게 뒤섞어주면 녹는 시간을 줄일 수 있습니다.

8 시간의 흐름에 따라 설탕의 서걱거림이 잦아듭니다. 설탕이 다 녹은 금귤청을 소독된 병에 담으면 금귤청이 완성됩니다.

* 설탕 녹는 속도) 보통입니다.

1 금귤의 껍질에는 과육보다 많은 비타민C와 유기산이 다량 함유되어 있습니다. 피로 해소와 기침 감기 예방에 효과적입니다.

2 껍질째 먹는 과일이므로 깨끗하게 세척합니다. 금귤이 잠길 정도의 물에 소금을 넣고 농약을 제거하는 것이 좋습니다.

3 금귤과 설탕의 비율을 1:1로 청을 담게 되면 단맛이 매우 강합니다. 요리에 활용하는 것은 무방하나 음료 베이스로는 레몬즙의 첨가를 권합니다. 레몬즙은 단맛이 강한 금귤청에 산미를 더해줍니다. 레몬즙을 추가함으로 더욱 새콤달콤한 금귤청을 즐길 수 있습니다.

민트금귤에이드

mint kumquat ade

Ingredients

금귤청 3T
탄산수 1C
작게 부순 얼음 1C

애플민트

How To

1 컵에 금귤청을 넣어주세요.

2 과일청 위로 얼음을 일부 채우고 컵 안쪽에 금귤과 애플민트를 붙여주세요.

3 남은 얼음을 채우고 탄산수를 부어주세요.

4 애플민트를 얹어주세요.

레몬생강청
lemon ginger

Ingredients
레몬 170g
생강 45g
설탕 140g
꿀 45g

How To
1 생강의 껍질을 깨끗하게 제거합니다.

2 껍질을 제거한 생강을 편 썰어줍니다.

3 깨끗하게 세척한 레몬은 표면에 물기를 남기지 않고 준비합니다.

4 레몬의 끝부분은 쓴맛을 유발하므로 레몬의 꼭지를 잘라줍니다.

5 다른 한쪽 끝도 잘라낸 뒤 레몬을 세로로 세워줍니다.

6 세운 모양 그대로 레몬을 1/2로 잘라줍니다.

7 다시 가로로 눕힌 뒤 반달 모양으로 자릅니다. 이때 레몬 씨앗도 포크를 이용해 모두 제거합니다.

8 껍질을 제거하고 자른 생강과 씨 없이 손질한 레몬을 설탕과 꿀에 재웁니다.

9 시간의 흐름에 따라 설탕의 서걱거림이 잦아듭니다. 설탕이 다 녹은 레몬생강청을 소독된 병에 담으면 레몬생강청이 완성됩니다.

* 설탕 녹는 속도) 느린 편입니다.

Tip
1 레몬의 새콤달콤함에 생강의 알싸하고 맵싸한 맛이 은은하게 어우러진 청입니다. 가볍게 후루룩 마시는 것보다는 따뜻한 물에 우려먹으면 생강의 깊은 향과 맛을 즐길 수 있습니다.

2 생강은 혈액 순환을 좋게 하고 면역력 증강과 감기 예방에 도움을 줍니다.

171

레몬생강티

lemon ginger tea

Ingredients

레몬생강청 3T
물 1C

레몬 슬라이스

How To

1 컵을 예열해 주세요.

2 포트에 물, 레몬생강청을 넣고 5분 이내 우려주세요.

3 2를 체에 걸러주세요.

4 컵에 3을 붓고 레몬 슬라이스를 띄워주세요.

36

청포도레몬청

green grape lemon

Ingredients   청포도 155g

레몬 90g

설탕 135g

How To   1 청포도는 줄기째 깨끗하게 세척하고 체에 밭쳐 물기를 말려줍니다.

2 청포도의 꼭지 부분을 알알이 잘라줍니다.

3 꼭지 부분을 자른 청포도를 1/2로 잘라줍니다.

4 깨끗하게 세척한 레몬은 표면에 물기를 남기지 않고 준비합니다.

5 레몬의 끝부분은 쓴맛을 유발하므로 레몬의 꼭지를 잘라줍니다.

6 다른 한쪽 끝도 잘라낸 뒤 레몬을 세로로 세워줍니다.

7 세운 모양 그대로 레몬을 1/2로 잘라줍니다.

8 다시 가로로 눕힌 뒤 반달 모양으로 자릅니다. 이때 레몬 씨앗도 포크를 이용해 모두 제거합니다.

9 씨 없이 손질한 레몬과 꼭지 부분을 자른 청포도를 설탕에 재웁니다. 깨끗한 나무 수저로 가볍게 뒤섞거나 버무려 주면 녹는 시간을 줄일 수 있습니다.

10 시간의 흐름에 따라 설탕의 서걱거림이 잦아듭니다. 설탕이 다 녹은 청포도레몬 청을 소독된 병에 담으면 청포도레몬청이 완성됩니다.

* 설탕 녹는 속도) 느린 편입니다.

Tip   1 청포도의 맑고 예쁜 색감을 즐기기 위해서 백설탕을 사용합니다.

2 청포도로 청을 담그면 수일 안에 청포도가 갈변되나 자연스러운 현상입니다. 갈변을 줄이기 위해 청포도 꼭지를 잘라주는 것이 좋습니다.

3 청포도 분량의 절반은 믹서에 갈아 즙으로 넣어도 좋습니다.

청포도레몬에이드

green grape lemon ade

Ingredients

청포도레몬청 3T
탄산수 1C
작게 부순 얼음 1C

로즈마리

How To

1 컵에 청포도레몬청을 넣어주세요.
2 과일청 위로 얼음을 채워요.
3 얼음 위로 탄산수를 부어주세요.
4 로즈마리를 얹어주세요.

37

키위레몬청
kiwi lemon

Ingredients   키위 110g
레몬 125g
설탕 155g

How To   1 키위는 물기를 남기지 않고 준비하여 칼로 꼭지 부분을 제거합니다.

2 한 손으로 키위를 잡고 칼을 이용하여 위에서 아래로 껍질을 벗겨줍니다.

3 키위의 껍질을 전부 벗겨줍니다.

4 키위를 가로로 놓고 두껍지 않게 일정한 두께로 슬라이스합니다.

5 키위를 다시 큐브 모양으로 작게 썰어줍니다.

6 깨끗하게 세척한 레몬은 표면에 물기를 남기지 않고 준비합니다.

7 레몬의 끝부분은 쓴맛을 유발하므로 레몬의 꼭지를 잘라줍니다.

8 다른 한쪽 끝도 잘라낸 뒤 레몬을 세로로 세워줍니다.

9 세운 모양 그대로 레몬을 1/2로 잘라줍니다.

10 다시 가로로 눕혀 반달 모양으로 자릅니다. 이때 레몬 씨앗도 포크를 이용해 모두
   제거합니다.

11 작게 썬 키위와 씨 없이 손질한 레몬을 설탕에 재웁니다. 깨끗한 나무 수저로
   가볍게 뒤섞거나 버무려 주면 녹는 시간을 줄일 수 있습니다.

12 시간의 흐름에 따라 설탕의 서걱거림이 잦아듭니다. 설탕이 다 녹은 키위레몬청을
   소독된 병에 담으면 키위레몬청이 완성됩니다.

* 설탕 녹는 속도) 보통입니다.

Tip   1 과숙된 키위로 청을 담그면 단맛이 강하고 식감이 좋지 않습니다. 키위를 너무 익혀 키위가
   물러지지 않도록 주의합니다.

2 반대로 지나치게 익지 않은 키위는 바나나나 사과와 함께 보관하면 빨리 익습니다.

179

홍차키위레몬티
black tea kiwi lemon tea

Ingredients

키위레몬청 3T
우린 홍차 1C
작게 부순 얼음 1C

허브 약간

How To

1 컵에 우린 홍차와 키위레몬청을 넣어주세요.
2 과일청 위로 얼음을 채우고 과육을 얹어주세요.
3 허브를 얹어주세요.

레몬대추청
lemon jujube

레몬 180g
대추 45g
설탕 140g
꿀 50g

1 깨끗하게 세척한 대추는 물기를 바짝 말려줍니다.

2 대추를 돌려 깎아 씨를 발라냅니다.

3 씨를 제거한 대추는 대추의 동글동글한 모양을 살려 잘라줍니다.

4 깨끗하게 세척한 레몬은 표면에 물기를 남기지 않고 준비합니다.

5 레몬의 끝부분은 쓴맛을 유발하므로 레몬의 꼭지를 잘라줍니다.

6 다른 한쪽 끝도 잘라낸 뒤 레몬을 세로로 세워줍니다.

7 세운 모양 그대로 레몬을 1/2로 잘라줍니다.

8 다시 가로로 눕혀 반달 모양으로 자릅니다. 이때 레몬 씨앗도 포크를 이용해 모두
　제거합니다.

9 씨 없이 손질하여 자른 대추와 레몬을 설탕과 꿀에 재웁니다. 깨끗한 나무 수저로
　가볍게 뒤섞거나 버무려 주면 녹는 시간을 줄일 수 있습니다.

10 시간의 흐름에 따라 설탕의 서걱거림이 잦아듭니다. 설탕이 다 녹은 레몬대추청을
　소독된 병에 담으면 레몬대추청이 완성됩니다.

* 설탕 녹는 속도) 느린 편입니다.

1 마른 대추가 수분을 흡수하기 때문에 가끔 잘 뒤집어 마른 부분이 없도록 보관하는 것이 좋습니다.

2 레몬대추청은 따뜻한 물에 5분 이내로 우려 마시면 대추의 양이 은은하게 우러나 맛있게 즐길
　수 있습니다.

183

레몬대추티

lemon jujube tea

Ingredients

레몬대추청 3T
물 1C

말린 레몬 또는 말린 오렌지 슬라이스
우유 폼

How To

1 컵을 예열해 주세요.

2 포트에 물, 레몬대추청을 넣고 5분 이내 우려주세요.

3 2를 체에 걸러주세요.

4 컵에 3을 붓고 우유 폼을 얹어주세요.

5 말린 레몬 또는 말린 오렌지 슬라이스를 띄워주세요.

라임레몬청
lime lemon

라임 80g
레몬 135g
설탕 165g

1 깨끗하게 세척한 레몬은 표면에 물기를 남기지 않고 준비합니다.

2 레몬의 끝부분은 쓴맛을 유발하므로 레몬의 꼭지를 잘라줍니다.

3 다른 한쪽 끝도 잘라낸 뒤 레몬을 세로로 세워줍니다.

4 세운 모양 그대로 레몬을 1/2로 잘라줍니다.

5 레몬을 다시 가로로 눕힌 뒤 반달 모양으로 자릅니다.

6 레몬의 씨를 모두 제거해줍니다.

7 깨끗하게 세척하여 물기를 남기지 않은 라임의 꼭지를 잘라냅니다.

8 라임의 모양을 살려 그대로 동그랗게 슬라이스 합니다.

9 라임을 다시 1/2로 일정하게 자릅니다.

10 씨 없이 손질한 레몬과 라임을 설탕에 재웁니다. 깨끗한 나무 수저로 가볍게
뒤섞거나 버무려 주면 녹는 시간을 줄일 수 있습니다.

11 시간의 흐름에 따라 설탕의 서걱거림이 잦아듭니다. 설탕이 다 녹은 라임레몬
청을 소독된 병에 담으면 라임레몬청이 완성됩니다.

*설탕 녹는 속도) 느린 편입니다.

1 라임에는 리모넨(limonene) 성분이 풍부하여 뇌신경을 자극해 심신을 안정시켜주는 효과가
있습니다.

2 라임을 공복에 과다하게 섭취할 경우 라임의 강한 산성 성분으로 인해 속이 쓰리고 위에 부담을
줄 수 있습니다.

3 레몬라임청은 생선요리, 육류요리에 한 스푼씩 넣으면 잡내를 없애주고 상큼함을 더해 입맛을
돋우어줍니다.

4 라임을 구입할 때는 단단하면서도 무르지 않는 것을 고르는 것이 좋습니다.

라임레몬모히또

lime lemon mojito

Ingredients

라임레몬청 3T
탄산수 1C
작게 부순 얼음 1C

애플민트 약간
라임 슬라이스

How To

1 컵에 라임레몬청과 애플민트를 넣고 머들러로 짓이겨 주세요.

2 과일청 위로 얼음을 넣어주세요.

3 얼음 위로 탄산수를 부어주세요.

4 라임 슬라이스로 장식해 주세요.

키위레몬딸기청

kiwi lemon strawberry

키위 115g
딸기 55g
레몬 65g
설탕 155g

How To

1 깨끗하게 세척하여 물기를 남기지 않은 키위는 칼로 꼭지 부분을 제거합니다.

2 한 손으로 키위를 잡고 칼을 이용하여 위에서 아래로 껍질을 벗겨줍니다.

3 키위를 돌려가며 껍질을 모두 벗겨줍니다.

4 키위를 가로로 놓고 모양을 살려 동그랗게 슬라이스합니다.

5 깨끗하게 세척하여 물기를 남기지 않은 레몬은 꼭지를 제거합니다.

6 가로로 놓고 모양을 살려 동그랗게 슬라이스합니다.

7 가볍게 세척하여 물기를 남기지 않은 딸기는 꼭지를 제거합니다.

8 모양을 살려 동그랗게 슬라이스합니다.

9 손질하여 자른 키위와 딸기, 씨 없이 손질한 레몬을 설탕에 재웁니다. 깨끗한 나무 수저로 가볍게 뒤섞거나 버무려 주면 녹는 시간을 줄일 수 있습니다.

10 시간의 흐름에 따라 설탕의 서걱거림이 잦아듭니다. 설탕이 다 녹은 키위레몬딸기청을 소독된 병에 담으면 완성됩니다.

* 설탕 녹는 속도) 느린 편입니다.

Tip

1 키위레몬딸기청은 잘게 자르지 않기 때문에 설탕이 녹는 속도가 약간 더딥니다. 과일이 흐트러지지 않는 선에서 수시로 살살 뒤집어줍니다.

2 레몬 씨는 쓴맛의 원인이 되니 깨끗하게 전부 제거합니다.

키위레몬딸기에이드

kiwi lemon strawberry ade

Ingredients

키위레몬딸기청 3T
탄산수 1C
얼음 1C

키위, 딸기 과육 약간
레몬 슬라이스
로즈마리

How To

1 컵에 키위, 딸기 과육을 넣어주세요.

2 과육 위로 키위레몬딸기청을 넣어주세요.

3 과일청 위로 얼음을 일부 채우고 컵 안쪽에 레몬 슬라이스를 붙여주세요.

4 남은 얼음을 채우고 탄산수를 부어주세요.

5 키위, 딸기 조각과 허브를 얹어주세요.

망고레몬청

mango lemon

망고 90g
레몬 140g
설탕 165g

1 망고는 깨끗하게 세척하고, 물기를 남기지 않고 준비합니다.

2 망고를 세워 망고 가운데 단단한 씨를 중심으로 칼을 대고, 씨를 피해 양쪽의 과육만 최대한 일직선으로 잘라줍니다.

3 망고를 잡고 가로로 4~5번, 세로로 9~10번 정도 격자로 칼집을 넣습니다. 이때 망고의 껍질까지 잘리지 않도록 주의합니다.

4 망고의 양쪽 끝을 잡고 안에서 바깥으로, 꽃이 피어나는 것처럼 뒤로 젖혀줍니다.

5 잘 익은 망고는 껍질과 과육이 잘 떨어집니다. 포크나 숟가락, 칼을 이용하여 껍질과 과육을 분리합니다.

6 망고 과육을 큐브 모양으로 작게 잘라냅니다.

7 깨끗하게 세척한 레몬의 꼭지를 잘라줍니다.

8 레몬의 모양을 그대로 살려 동그랗게 잘라줍니다.

9 손질한 망고와 씨를 제거한 레몬을 설탕에 재웁니다. 깨끗한 나무 수저로 가볍게 뒤섞거나 버무려 주면 녹는 시간을 줄일 수 있습니다.

10 시간의 흐름에 따라 설탕의 서걱거림이 잦아듭니다. 설탕이 다 녹은 망고레몬 청을 소독된 병에 담으면 완성됩니다.

＊ 설탕 녹는 속도) 보통입니다.

1 열대과일인 망고를 냉장 보관할 경우 과육이 물러지거나 갈변현상이 발생하게 됩니다. 망고는 서늘한 곳에 실온 보관하는 것이 좋고 차게 즐기려면 먹기 한두 시간 전 냉장고에 넣었다 꺼내 먹으면 좋습니다.

2 망고에는 비타민 B6(피리독신)가 풍부하게 함유되어 있습니다. 비타민 B6(피리독신)는 수면 호르몬인 멜라토닌이 생성되는 데 필요한 성분으로 불면증을 예방하고 숙면을 도와주는 천연 수면제 역할을 합니다.

3 레몬 씨는 쓴맛의 원인이 되니 깨끗하게 전부 제거합니다.

유자망고레모네이드

yuja mango lemonade

Ingredients	
	망고레몬청 2T
	유자청 1T
	탄산수 1C
	얼음 1/2C

How To

1 컵에 망고레몬청과 유자청을 넣고 섞어주세요.

2 수제청 위로 얼음을 넣어주세요.

3 얼음 위로 탄산수를 부어주세요.

자두레몬청
plum lemon

자두 55g

레몬 165g

유기농 설탕 165g

1 깨끗하게 세척한 레몬은 표면에 물기를 남기지 않고 준비합니다.

2 레몬 꼭지를 자르고 모양을 살려 동그랗게 슬라이스 합니다. 이때 레몬의 씨앗도 모두 제거합니다.

3 자두는 깨끗하게 세척하고 물기 없이 준비합니다.

4 자두에 칼집을 내고 비틀어 씨를 제거해줍니다.

5 껍질째 반달 모양으로 잘라줍니다.

6 다시 깍둑썰기해 줍니다.

7 씨 없이 손질한 레몬과 자두를 설탕에 재웁니다. 깨끗한 나무 수저로 가볍게 뒤섞거나 버무려 주면 녹는 시간을 줄일 수 있습니다.

8 시간의 흐름에 따라 설탕의 서걱거림이 잦아듭니다. 설탕이 다 녹은 자두레몬 청을 소독된 병에 담으면 완성됩니다.

* 설탕 녹는 속도) 느린 편입니다.

1 자두는 철이 짧고, 잘 무르는 과일이기 때문에 청으로 만들어 먹으면 보다 오래 두고 먹을 수 있습니다. 설탕을 줄이고 만든 경우 저장 기간이 짧아지므로 과일을 건져내고 액만 보관하면 오래 두고 즐길 수 있습니다.

2 자두는 구매 후 당일 섭취할 분량만 실온에 후숙하고, 나머지는 밀폐 용기에 키친타월이나 신문지로 감싸고 뚜껑을 닫은 후 냉장 보관합니다.

핑크자두레모네이드

pink plum lemonade

자두레몬청 2T
히비스커스 티백 1개
물 1C
얼음 1C

How To

1 컵에 자두레몬청을 넣어주세요.

2 다른 컵에 물을 넣고 히비스커스 티백 1개를 넣어 우려주세요.

3 1에 얼음을 넣어주세요.

4 얼음 위로 히비스커스 우린 물을 부어주세요.

Tip

히비스커스는 새콤한 맛을 내줍니다. 히비스커스에는 비타민과 철분이 함유되어 있어요.
찬물에서도 잘 우러나며 오래 우릴수록 색감과 신맛이 강하므로 원하는 만큼만 우리고
티백은 건져냅니다.

프루트청
fruit

Ingredients

키위 65g

딸기 40g

망고 55g

오렌지 45g

블루베리 25g

설탕 150g

레몬즙 20g

How To

1 깨끗하게 세척하여 꼭지를 제거한 키위는 칼을 이용하여 껍질을 벗겨줍니다.

2 키위를 돌려가며 껍질을 모두 벗겨줍니다.

3 키위를 슬라이스하여 큐브 모양으로 썰어줍니다.

4 가볍게 세척하여 물기를 남기지 않은 딸기는 꼭지를 제거합니다.

5 꼭지를 제거한 딸기를 사등분합니다.

6 망고를 세워 망고 가운데 단단한 씨를 중심으로 칼을 대고, 씨를 피해 양쪽의
   과육만 최대한 일직선으로 잘라줍니다.

7 망고를 잡고 가로로 4~5번, 세로로 9~10번 정도 격자로 칼집을 넣습니다.

8 망고의 양쪽 끝을 잡고 안에서 바깥으로, 꽃이 피어나는 것처럼 뒤로 젖혀줍니다.

9 포크나 숟가락, 칼을 이용하여 껍질과 과육을 분리합니다.

10 망고 과육을 큐브 모양으로 작게 잘라냅니다.

11 세척해 물기를 남기지 않고 준비한 오렌지의 꼭지와 아랫면을 칼로 잘라주세요.

12 오렌지를 한 바퀴 돌려가며 칼로 둥글게 껍질을 깎아냅니다.

13 오렌지의 속껍질 사이에 칼집을 내어 과육만 도려냅니다.

14 세척하여 물기를 남기지 않은 블루베리를 준비합니다.

15 볼에 손질한 모든 과일을 담고 설탕에 재웁니다. 깨끗한 나무 수저로 가볍게
   뒤섞거나 버무려 주면 녹는 시간을 줄일 수 있습니다.

16 시간의 흐름에 따라 설탕의 서걱거림이 잦아듭니다. 설탕이 다 녹은 프루트청을
   소독된 병에 담으면 완성됩니다.

* 설탕 녹는 속도) 보통입니다.

Tip

다양한 과일이 조합된 프루트청은 요거트에 얹어 먹는 토핑으로 인기가 좋습니다. 무가당/플레인
요거트에 넣어 먹으면 맛있게 즐기실 수 있습니다.

레인보우빙수

Ingredients

곱게 간 얼음 1C
프루트청 과육 딸기 1T
프루트청 과육 오렌지 1T
프루트청 과육 키위 1T

가당 팥 1T
망고 약간

How To

1 컵에 간 얼음을 넣고 키위 과육을 올려주세요.

2 키위 과육 위에 얼음을 넣고 오렌지 과육을 올려주세요.

3 오렌지 과육 위에 얼음을 넣고 딸기 과육을 올려주세요.

4 딸기 과육 위에 얼음을 넣고 팥을 올려주세요.

5 팥 위에 망고 과육을 얹어주세요.

44

망고석류청

mango pomegranate

Ingredients

망고 160g

석류 75g

설탕 155g

How To

1 망고는 깨끗하게 세척하고, 물기를 남기지 않고 준비합니다.

2 망고를 세워 망고 가운데 단단한 씨를 중심으로 칼을 대고, 씨를 피해 양쪽의 과육만 최대한 일직선으로 잘라줍니다.

3 망고를 잡고 가로로 4~5번, 세로로 9~10번 정도 격자로 칼집을 넣습니다. 이때 망고의 껍질까지 잘리지 않도록 주의합니다.

4 망고의 양쪽 끝을 잡고 안에서 바깥으로, 꽃이 피어나는 것처럼 뒤로 젖혀줍니다.

5 잘 익은 망고는 껍질과 과육이 잘 떨어집니다. 포크나 숟가락, 칼을 이용하여 껍질과 과육을 분리합니다.

6 망고 과육을 큐브 모양으로 작게 잘라냅니다.

7 석류는 깨끗하게 세척한 뒤 표면에 물기를 남기지 않고 준비합니다.

8 석류 꼭지에 칼을 넣어 칼집을 냅니다.

9 석류 꼭지를 그대로 동그랗게 잘라냅니다.

10 석류 알맹이를 피해 하얀 내피 부분에 칼집을 6~7개 내줍니다. 이때 알맹이가 상하지 않도록 칼을 안쪽까지 깊숙이 넣어 자르지 않는 것이 좋습니다.

11 칼집을 넣어준 석류는 손에 힘을 주어 하나씩 쪼개줍니다.

12 바닥에 볼을 받치고 석류껍질을 한 조각씩 나무수저 등으로 통통 내리쳐서 붉은 알맹이만 분리합니다.

13 큐브 모양의 망고와 껍질에서 분리한 석류알을 설탕에 재웁니다. 깨끗한 나무 수저로 가볍게 뒤섞거나 버무려 주면 녹는 시간을 줄일 수 있습니다.

14 시간의 흐름에 따라 설탕의 서걱거림이 잦아듭니다. 설탕이 다 녹은 망고석류청을 소독된 병에 담으면 완성됩니다.

* 설탕 녹는 속도) 보통입니다.

Tip

1 망고석류청은 너무 후숙한 망고보다는 약간의 신맛이 있는 망고로 담게 되면 새콤함이 더해져 석류와 잘 어울리는 청이 됩니다.

2 망고석류청은 은은한 핑크빛이 감돌아서 시각적으로도 예쁜 청입니다. 에이드, 요거트와의 조합도 좋고 빙수 위에 얹는 토핑으로도 추천합니다.

망고석류에이드

mango pomegranate ade

Ingredients

망고석류청 3T
탄산수 1C
얼음 1C

망고 과육 약간

How To

1 컵에 망고석류청을 넣어주세요.
2 수제청 위로 얼음을 넣어주세요.
3 얼음 위로 탄산수를 부어주세요.
4 망고과육을 얹어주세요.

패션프루트키위청

passionfruit kiwi

패션프루트 60g

키위 175g

설탕 160g

1 세척한 패션프루트는 표면에 물기를 남기지 않고 준비합니다.

2 패션프루트를 반으로 잘라줍니다.

3 스푼으로 패션프루트 과육과 씨, 과즙을 모두 긁어냅니다.

4 깨끗하게 세척하여 꼭지를 제거한 키위는 위에서 아래로 껍질을 벗겨줍니다.

5 키위를 돌려가며 껍질을 모두 벗겨줍니다.

6 키위를 가로로 놓고 동그랗게 슬라이스합니다.

7 슬라이스한 키위를 큐브 모양으로 썰어줍니다.

8 패션프루트 과육과 손질하여 자른 키위를 설탕에 재웁니다. 깨끗한 나무 수저로
   가볍게 뒤섞거나 버무려 주면 녹는 시간을 줄일 수 있습니다.

9 시간의 흐름에 따라 설탕의 서걱거림이 잦아듭니다. 설탕이 다 녹은 패션프루트
   키위청을 소독된 병에 담으면 완성됩니다.

                                               * 설탕 녹는 속도) 빠른 편입니다.

새콤달콤하고 엽산이 풍부하여 신맛이 당기고 입덧이 심한 임산부에게 추천합니다.

패션프루트키위파르페

passionfruit kiwi parfait

Ingredients

패션프루트키위청 3T
바닐라 아이스크림 3스쿱

오트밀 또는 시리얼 약간
장식용 베리류 약간
막대과자 2개

How To

1 컵에 패션프루트키위청을 넣어주세요.
2 바닐라 아이스크림을 스쿱으로 떠 수제청 위에 담아주세요.
3 오트밀 또는 시리얼을 뿌리고 라즈베리와 블루베리를 얹어주세요.
4 컵 한쪽에 막대과자를 꽂아주세요.

딸기라떼용 딸기청
stawberry

딸기 315g

유기농 설탕 80g

레몬즙 7g

1 깨끗하게 세척한 딸기는 꼭지를 제거합니다.

2 딸기 분량의 절반은 믹서에 갈고 절반은 1/2로 자릅니다.

3 자른 딸기를 큐브 모양으로 모두 작게 자릅니다.

4 볼에 모든 딸기를 담고 설탕에 재웁니다. 깨끗한 나무 수저로 가볍게 뒤섞거나 버무려 주면 녹는 시간을 줄일 수 있습니다.

5 시간의 흐름에 따라 설탕의 서걱거림이 잦아듭니다. 설탕이 다 녹은 딸기라떼용 딸기청을 소독된 병에 담으면 완성됩니다.

* 설탕 녹는 속도) 빠른 편입니다.

1 일반적인 청에 비해 설탕의 함량이 매우 적은 편으로 부담 없이 우유나 요거트에 간편하게 섞어 마실 수 있습니다.

2 딸기는 듬뿍 넣고 당을 줄였기 때문에 끈적임이 덜하고 순수한 맛입니다. 자극적이지 않은 깔끔한 딸기라떼를 즐길 수 있습니다.

생딸기크림라떼
strawberry cream latte

Ingredients

딸기청 4T
우유 1C
동물성 생크림 1/2C
딸기 과육 적당량

How To

1 컵에 딸기과육을 넣어주세요.

2 딸기과육 위로 딸기청을 넣어주세요.

3 딸기청 위로 우유와 생크림을 부어주세요.

4 마시기 전에 잘 섞어줍니다.

Tip

컵에 따라 마실 때는 휘핑한 생크림을 얹어 먹으면 더욱 부드럽게 즐길 수 있습니다.

47

대추청
Jujube

Ingredients

대추 315g

유기농 설탕 125g

물 2L~2.5L

How To

1 깨끗하게 세척한 대추를 돌려 깎기 하여 대추의 과육과 씨를 분리합니다.

2 손질한 대추에 분량의 물을 붓고 중약불에 3시간 푹 삶아줍니다.

3 푹 고아준 대추는 완전히 흐물흐물해진 상태입니다.

4 대추를 체에 눌러가며 거릅니다.

5 걸러낸 대추에 유기농 설탕을 넣고 5분 이상 약불에 끓여줍니다.

6 진하고 달지 않은 대추청이 완성됩니다.

* 설탕 녹는 속도) 빠른 편입니다.

Tip

1 인내의 시간이 필요하지만 한번 맛보면 매력에 푹 빠지는 대추청입니다. 강력 추천합니다.

2 대추에는 귤이나 오렌지보다 10배나 많은 비타민, 사과보다는 무려 20배가 많은 비타민이 함유
되어 있습니다.

3 대추에는 노화를 방지하는 비타민 P의 함량이 여러 과실 중 가장 높습니다. 노화 방지, 피부
재생을 돕고 순환기 계통의 건강유지에 도움을 줍니다.

대추라떼

jujube latte

Ingredients

대추청 2T
우유 1C

우유 폼
시나몬파우더
장식용 대추 1개

How To

1 컵을 예열해 주세요.

2 따뜻한 우유에 대추청을 넣고 잘 섞어주세요.

3 우유 폼을 얹어주세요.

4 시나몬 파우더를 톡톡 뿌리고 대추 장식을 올려주세요.

48

라임청
lime

라임 235g

설탕 155g

How To

1 깨끗하게 세척하여 물기를 남기지 않은 라임의 꼭지를 잘라냅니다.

2 라임의 모양을 살려 그대로 동그랗게 슬라이스 합니다.

3 손질한 라임을 설탕에 재웁니다. 깨끗한 나무 수저로 가볍게 뒤섞거나 버무려 주면 녹는 시간을 줄일 수 있습니다.

4 시간의 흐름에 따라 설탕의 서걱거림이 잦아듭니다. 설탕이 다 녹은 라임청을 소독된 병에 담으면 완성됩니다.

※ 설탕 녹는 속도) 느린 편입니다.

Tip

1 라임청은 생선요리, 육류요리에 한 스푼씩 넣으면 잡내를 없애주고 상큼함을 더해 입맛을 돋우어줍니다.

2 라임을 구입할 때는 단단하면서도 무르지 않은 것을 고르는 것이 좋습니다.

라임딸기에이드

lime strawberry ade

라임청 3T
딸기청 1T
탄산수 1C
작게 부순 얼음 1C

딸기 과육 약간
애플민트

How To

1 컵에 라임청과 딸기청을 넣어주세요.
2 수제청 위로 얼음을 넣어주세요.
3 얼음 위로 탄산수를 부어주세요.
4 딸기과육과 허브를 얹어주세요.

49

청포도청
green grape

청포도 235g
레몬즙 20g
설탕 135g

1 청포도는 줄기째 깨끗하게 세척하고 체에 밭쳐 물기를 말려줍니다.

2 청포도의 꼭지 부분을 알알이 잘라줍니다.

3 분량의 절반은 착즙하고, 절반은 모양대로 동그랗게 슬라이스합니다.

4 일부는 씹히는 식감을 위해 잘게 잘라줍니다.

5 볼에 설탕과 청포도, 설탕을 담고 분량의 레몬즙을 넣어줍니다. 깨끗한 나무 수저로 가볍게 뒤섞거나 버무려 주면 녹는 시간을 줄일 수 있습니다.

6 시간의 흐름에 따라 설탕의 서걱거림이 잦아듭니다. 설탕이 다 녹은 청포도청을 소독된 병에 담으면 청포도청이 완성됩니다.

청포도와 설탕을 1:1로 담게 되면 단맛이 강해 청으로 즐기기 부담스러울 수 있습니다. 레몬즙을 추가하여 산미를 더해주고 설탕의 양을 대폭 줄여주면 오랜 숙성 시간 없이도 상큼한 청포도청을 즐길 수 있습니다.

청포도에이드

green grape ade

Ingredients

청포도청 3T
청포도 과육 약간
탄산수 1C
얼음 1C
청포도 슬라이스 약간

How To

1 컵에 청포도청을 넣어주세요.

2 수제청 위로 얼음의 일부를 채워주세요.

3 컵 안쪽 면에 청포도 슬라이스를 붙이고 남은 얼음을 마저 채워주세요.

4 얼음 위로 탄산수를 부어주세요.

5 청포도청 과육을 올려주세요.

50

애플진저청
apple ginger

Ingredients
슬라이스 사과 105g

사과즙 100g

생강 35g

레몬즙 10g

설탕 140g

How To
1 사과는 껍질째 깨끗하게 세척하고 물기를 남기지 않고 준비합니다.

2 사과를 껍질째 1/2로 자릅니다.

3 칼을 눕혀 사과의 씨와 꼭지 부분을 제거해줍니다.

4 그대로 사과를 뒤집어 얇게 슬라이스 합니다.

5 얇게 슬라이스한 사과를 다시 1/2로 잘라줍니다.

6 분량의 사과즙을 준비합니다.

7 생강의 껍질을 깨끗하게 제거합니다.

8 껍질을 제거한 생강을 편 썰어줍니다.

9 슬라이스 사과, 사과즙, 생강, 레몬즙을 설탕에 재웁니다. 깨끗한 나무 수저로 가볍게 뒤섞거나 버무려 주면 녹는 시간을 줄일 수 있습니다.

10 시간의 흐름에 따라 설탕의 서걱거림이 잦아듭니다. 설탕이 다 녹은 애플진저청을 소독된 병에 담으면 완성됩니다.

* 설탕 녹는 속도) 빠른 편입니다.

Tip
1 생강을 세척할 때는 손으로 흙을 어느 정도 털어내고, 10~20분 정도 물에 담가놓아 생강을 불려놓으면 껍질을 벗기기 수월합니다.

2 생각을 고를 때는 한 덩어리에 여러 조각이 붙어 있는 것이 좋습니다. 특히 생강 고유의 매운 향이 짙은 것으로 고르는 것이 좋습니다.

3 생강을 보관하는 방법은 흙을 제거하지 않은 상태로 봉투에 담아 직사광선이 들지 않는 어둡고 서늘한 곳에 보관하는 것이 좋습니다. 냉장실에 보관할 경우에는 생강을 하나씩 신문지에 돌돌 말아 보관합니다.

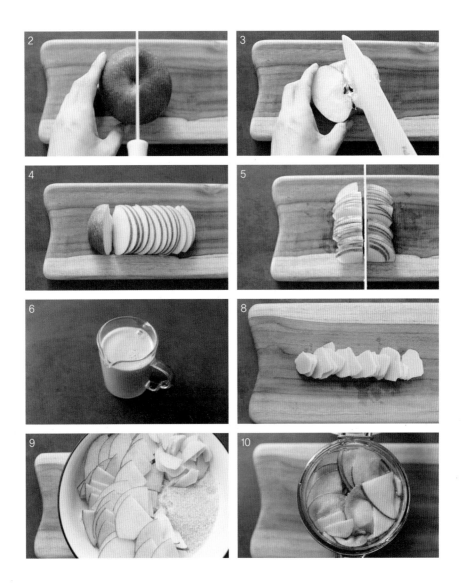

애플진저티

apple ginger tea

Ingredients	애플진저청 3T 물 1C 생강 슬라이스 또는 사과 슬라이스

How To	1 컵을 예열해 주세요. 2 포트에 물, 애플진저청을 넣고 5분 이내 우려주세요. 3 2를 체에 걸러주세요. 4 컵에 3을 부어주세요. 5 기호에 맞게 생강이나 사과 조각을 띄워주세요.

PART 03

수제청 이야기

수제청 보관법과 유통기한

설탕의 함유량에 따라 1개월~1년 이상 보관이 가능하나 보관 장소나 상황에 따라 달라질 수 있습니다. 특히 당을 꽤 줄인 수제청의 유통기한은 '개봉 후 빠른 시일 이내'입니다. 맛의 유지를 위해 가급적 빠르게 소진하는 것이 좋습니다. 시큼한 술맛이 아닌 산뜻한 과일맛을 위해 개봉 후 보통은 한두 달 이내를 권장하고 있습니다.

수제청 오래 보관하는 팁

01. 냉동고에 보관하면 오래 보존할 수 있습니다. 먹기 하루 전 냉장고에 옮겨 놓았다 즐기면 됩니다.

02. 일정 기간 숙성을 끝내고 건더기는 체에 걸러낸 후 액만 따로 걸러 보관하면 보관 기간이 길어집니다.

03. 수제청을 떠낸 뒤에는 과육을 꼭꼭 눌러서 과육이 과일액 위로 떠오르지 않게 해주면 곰팡이가 피는 것을 방지할 수 있습니다.

04. 과일과 과육이 잘 섞이도록 가끔 고루 흔들어줍니다.

수제청 맛있게 먹는 방법

1 시원하게 즐기는 방법

◇ 수제청 + 탄산수 조합

톡 쏘는 청량감과 적당히 기분 좋은 탄산감. 가장 좋아하는 조합입니다. 쉽게 구할 수 있으며, 시도해 보기 좋은 탄산수는 아래와 같습니다.

게롤슈타이너	독일 생수 브랜드. 미네랄이 풍부하고 부드러운 끝 맛
산펠리글리노	이탈리아 알프스 언덕의 온천수. 약간의 산도와 상쾌감
페리에	프랑스 천연 탄산수. 대중적.

◇ 수제청 + 아이스크림 조합

· 수제청 원액과 과육 그대로 얼음 틀에 넣고 얼립니다.
· 아이스크림 위에 얹어 먹으면 산뜻한 디저트가 됩니다.

◇ 수제청 + 우유 조합

차가운 우유를 섞어 마십니다.

◇ 수제청 + 요거트 조합

플레인요거트에 섞어 먹습니다.

◇ 수제청 + 녹차 또는 홍차 조합

티 한 잔을 따듯하게 우려내고 우려진 티를 충분하게 식혀줍니다. 냉장고에 넣고 차게 보관한 뒤 컵에 수제청과 얼음을 넣고 티를 부어줍니다.

② 따듯하게 즐기는 방법

◇ 수제청 + 따뜻한 물 조합

포트 물이나 정수기의 온수를 바로 컵에 따라 마시면 맛과 향이 다소 약합니다. 냄비에 수제청과 물을 붓고, 중간 불에서 2~5분 이내로 우려내듯이 끓여 과일의 향을 즐겨 보세요.

◇ 수제청 + 우유 조합

따뜻하게 데운 우유를 섞어 마십니다. 우유는 너무 뜨겁게 끓이면 단맛은 줄고 특유의 비릿함이 강해져요. 70도 이상이면 비릿함이 느껴지기 때문에 우유의 온도는 65~70도가 적당합니다. 이때 70도는 냄비에 끓일 때 냄비 가장자리에 기포가 올라오는 정도입니다.

제조 후
유의사항

1 수제청을 담근 후 수일이 지나면 과육의 부피가 줄어듭니다.

삼투압 현상으로 과즙이 빠지면서 과육이 쪼그라들고 과육의 크기가 줄어들게 됩니다. 수제청을 선물하거나 판매하려는 계획이 있다면 이 점을 고려하여 과육의 크기를 조절하는 것이 좋습니다.

2 수제청으로 만들어 두면 갈변되는 과일이 있습니다.

라임, 청포도, 사과가 대표적인 과일이지요. 미리 알고 있으면 청을 담은 후 수일 이내 변하는 색깔에 당황하지 않을 수 있습니다. 또, 선물이나 판매 시 이 사항을 미리 안내할 수도 있고요.

3 수제청은 자주 흔들어 주세요.

수제청 제조 후 안쪽 깊은 곳에 거꾸로 세워 보관하거나 자주 흔들어 주세요. 보관 기간을 조금 더 늘릴 수 있답니다.

▌베리에이션 티

녹차(green tea)와 홍차(black tea)는 사실 같은 차나무(Camellia sinensis) 잎으로 만드는 차입니다. 제다방식과 발효의 정도에 따라 이름이 다른 것이지요. 녹차는 산화 과정을 거치지 않고 살청이라는 생산 과정으로 만들어집니다. 발효가 전혀 되지 않았으므로 녹차를 우려내면 깔끔하고 싱그러운 맛과 향이 납니다. 홍차는 찻잎을 100% 산화시킨 차입니다. 충분히 발효시켰으므로 홍차를 우려내면 짙고 풍부한 향미가 그득하지요.

주변에서도 흔히 마시는 녹차와 홍차로 다양한 티블렌딩, 티베리에이션이 가능합니다.

홍차

이 책에서의 홍차는 어렵지 않게 구할 수 있는 개별로 포장된 티백을 추천합니다. 홍차를 우릴 때 아래 5가지를 지켜 준다면 최상의 맛을 낼 수 있어요.

01.　잔을 예열한다_ 홍차로 최상의 맛을 낼 수 있는 방법은 잔을 예열하는 겁니다. 준비한 컵에 팔팔 끓은 뜨거운 물을 부어줍니다. 컵 전체가 골고루 따뜻하게 데워질 수 있도록 잔을 한 바퀴 돌립니다. 마치 잔을 헹군다는 느낌으로요. 컵을 데운 물은 버려줍니다.

02.　수돗물은 지양한다_ 수도꼭지에서 바로 받은 수돗물은 권하지 않습니다. 티를 우릴 때는 깨끗하게 정수된 물이나 생수를 사용하는 것이 좋습니다.

03.　물의 온도를 지킨다_ 팔팔 끓는 물을 부어 주세요. 여기서 홍차의 떫고 쓴 맛을 줄이고 맛있게 먹는 저의 팁은 잔에 '티백 먼저'가 아닌 '뜨거운 물을 먼저' 부어 주는 겁니다.

04.　2~5분 이내로 우려낸다_ 홍차는 5분 정도 우려내는 것이

이론이지만 유럽과 우리나라의 생수는 수질이 다릅니다. 개인차가 있지만 5분을 우리면 떫은맛이 강해 저는 보통 2분 정도면 충분한 것 같습니다. 홍차를 우리는 시간은 2분~3분 이내를 추천합니다. 저는 이 시간을 타이머로 맞춘 후 티백을 건져냅니다.

05.   우리는 동안 뚜껑을 덮어둔다_ 홍차를 우리는 동안에는 뚜껑을 덮어줍니다. ①물이 식는 것을 방지하여 맛을 살릴 수 있고 ②향이 날아가는 것도 막을 수 있습니다.

녹차

일반적으로 녹차는 70~80℃의 물에서 2분 정도 우려 마시는 것을 추천합니다. 베리에이션 용도의 녹차는 티백의 경우 색이 묽게 우러납니다. 찻잎을 찌고 건조한 뒤 곱게 분쇄한 말차는 음료로 만들 때 색이 선명한 장점이 있어 파우더 형태로 된 가루녹차를 추천합니다.

가루녹차에 뭉침이 있으면 쓴맛이 느껴집니다. 가루녹차는 뜨거운 물을 붓고 뭉침 없이 풀어주어 사용합니다. 정석대로는 팔팔 끓인 뜨거운 물을 소량 부어 다선(차선)으로 개어 풀어주고 빠르게 거품을 내면 완성됩니다. 가정에서는 구비되어 있지 않은 경우가 많으므로 뜨거운 물에 가루녹차를 뭉침 없이 잘 개어 사용해 주세요.

우린 차가 너무 옅으면 맛이 희석되고 과하게 우려내면 수제청과의 조화를 해칠 수 있습니다. 수제청과 조합할 때는 5분을 넘기지 않는 선에서 각 차의 향과 맛이 살아나도록 조금 진하게 우리는 편이 좋습니다.

저는 수제청과 티의 조합을 좋아합니다. 기품 있고 중후한 매력이 있는 홍차와의 조합, 산뜻하고 맑은 녹차와의 조합도 잘 어울리지요. 여러 가지 과일을 조합하고 티와 베리에이션 하는 과정에서 과일의 향미뿐 아니라, 차의 그윽한 맛을 더 깊게 들여다보게 되었어요.

다양한 과일을 티와 믹스앤드매치(mix and match)하는 즐거움. 전혀 어울리지 않게 여겨지는 조합에서 뜻밖의 케미를 발견하기 바라며!

수제청,
허브와의 만남

예쁘고 향긋한 풍미가 좋아 애용하는 세 가지 허브입니다. 원재료의 맛과 어우러져 전체적인 음료의 맛을 더욱 풍성하게 해주는 용도나 가니시로 기호에 맞춰 선택할 수 있습니다.

허브를 더 여운 있게 즐기는 팁

음료를 제조할 때 진한 향을 오래 남기고 싶다면 허브를 만져줍니다. ①허브를 살짝 두드리거나 ②비비고 문질러주거나 ③흔들어주면 향이 배가 됩니다.

◇ 로즈마리(rosemary)

강한 향기를 지닌 로즈마리는 뛰어난 항염, 항균 효능이 있어 살균, 소독에 효과가 있습니다. 또 혈액순환을 촉진하고 소화를 돕지요. 또 간을 해독하는 효과가 뛰어나며 두통과 신경완화에 효과가 있습니다. 따뜻한 물에 로즈마리 잎을 넣어 차로 마시면 기관지염을 가라앉히는 효과가 있습니다.

◇ 타임

음료에 넣었을 때 아기자기 귀여운 느낌을 주는 허브입니다. 소화를 돕고, 살균효능이 있으며 피부미용에 좋은 허브입니다.

◇ 바질(basil)

상쾌하고 달콤한 향을 지닌 허브이지만 쌉싸래하니 톡 쏘는 매운 맛이 있습니다. 차로 마시면 두통과 신경과민을 가라앉히는 데 도움을 줍니다.

PART 04

수제청을 배워서
새로운 일로 발전시키기

온라인, 오프라인 스토어

계절마다 소소하게 수제청 담그기가 취미가 되기도 합니다. 색색의 과일을 유리병에 담으면 반짝반짝 예뻐서 선물하기도 참 좋은 아이템이지요. 수제청 만들기를 취미에서 발전 시켜 수익성까지 낼 수 있는 방법은 무엇이 있을까요? 온라인, 오프라인 스토어를 개설할 수 있고, 지식과 경험을 전달하는 클래스를 생각해 볼 수 있습니다.

1 온라인 스토어

자사 홈페이지를 제작하거나 네이버 스토어팜, 오픈마켓 등의 플랫폼을 통해 온라인 스토어를 개설할 수 있습니다. 온라인상의 대부분의 아이템이 그렇듯 수제청이라는 아이템도 어느 정도 포화 상태이며 지금 시작하면 후발주자입니다. 따라서 현실적으로 경쟁에서 도태할 위험성도 충분히 생각해야 합니다. 그러므로 다른 스토어와 다른 콘셉트가 가장 중요합니다. 저는 이와 관련하여 아래 세 가지를 강조합니다.

01.   내 히스토리가 제품의 가치를 높입니다. 이 제품을 만들어 내는 나는 어떤 사람이고, 어떤 일을 해왔는지, 어떤 마음으로 이 제품을 만들어 내는지, 어떤 기준과 신념을 지니고 있는지 등 스펙보다는 스토리가 사람의 마음을 움직입니다.

02.   본질을 지키는 것이 중요합니다. 이는 브랜드가 지닌 명확성을 의미하기도 합니다. 많을수록 불명확해집니다. 소비자에게 전달할 수 있는 명확한 본질, 결코 포기할 수 없는 한 가지만 있으면 됩니다. 이를테면 국산 팥을 직접 삶아 팥빙수를 만든다거나, 홍삼에 다른 첨가물을 넣지 않는다거나, 사양벌꿀이 아닌 천연 벌꿀을 자신의 신념대로 판매하는 판매자처럼요.

03.   핑크펭귄을 찾는 것이 우선순위입니다. 핑크펭귄이란 캐나다의 컨설턴트 전문가 빌 비숍이 차별화된 마케팅 전략의 중요성을

강조하기 위해 사용한 개념이에요. 99마리의 평범한 검은색 펭귄이 모두 자기가 멋지고 잘났다고 떠들어봤자 눈에 들어오는 것은 1마리의 핑크색 펭귄일 뿐이지요. 우리가 찾아야 할 핑크펭귄은 위에서 말한 '본질'이 될 수도 있고, 남과 다른 패키지가 될 수도 있습니다. 혹은 마케팅 방법일 수도 있고 다른 곳과 비교해 매우 저렴한 가격이거나, 반대로 가격은 비싸지만 눈에 띄는 비주얼이 될 수도 있습니다. 남들과 다른 그 한 가지를 찾는 것. 나만의 핑크펭귄을 찾는 것은 온라인시장에 도전하고자 한다면 가장 오래 걸리는 과제이면서 반드시 풀어야 할 난제이기도 합니다.

마지막으로 많은 분들이 여전히 궁금해하시며 수업에서도 늘 반복되는 질문이 있습니다. "집에서 만들어서 소소하게 판매해도 되나요?" 이에 대한 답변은 명확합니다. 안타깝게도, 집에서 만들어서 판매하는 것은 불법이며 온라인 스토어라고 해도 오프라인 매장 혹은 작업실이 반드시 필요합니다.

2 오프라인 스토어

오프라인 스토어는 입지조건에 따른 투자비용이 있어 실패하면 온라인 스토어보다 리스크가 큽니다. 따라서 각 과정마다 면밀히 검토하는 것이 중요합니다. 오프라인 스토어는 다음과 같은 스케줄로 진행할 수 있습니다.

◇ 창업절차
개인 창업 결정 – 경험자 전문가 상담 – 상권분석 및 점포조사 – 점포확정 및 점포 임대차계약 – 인허가 취득(관할 관공서) – 사업자등록(세무서 혹은 홈텍스) – 인테리어 시공, 설비, 간판 설치 – 상품, 재료 반입 – POS시스템(Point of sales: 판매시점 정보관리시스템) 신품 혹은 임대 설치 /카드단말기 설치 – 개업

각 절차마다 꼼꼼하게 짚고 넘어가야 하지만 특별히 꼭 필요한 다음의 세 가지를 이야기하고 싶습니다.

01   수제청의 업태명
위의 절차 중 사업자등록을 신청할 때 창업할 업종코드를 작성해야 합니다. 이때 홈텍스에서 수

제청에 해당하는 업종코드를 쉽게 조회할 수 없어 난감한 경험이 있었습니다. 수제청은 식품의 유형이 일반적으로 액상차 또는 당절임에 해당하니 기억해 두는 것이 용이합니다.

02 창업자의 건강진단서와 위생교육수료

신규창업자이든 기존창업자이든 매년 반드시 기억해야 할 절차는 건강진단서(보건증) 발급과 위생교육수료입니다. 기한을 지키지 못할 경우 해당 과태료가 부과되므로 잊지 않고 발급받도록 합니다.

03 세금 신고 및 납부

창업자는 매년 종합소득세와 부가가치세를 납부해야 합니다. 종합소득세는 누진세입니다. 즉 소득이 높을수록 납부액도 많아집니다. 매년 5월 1일~31일은 종합소득세 신고 및 납부기간입니다. 부가가치세는 쉽게 이야기해 통상 제품 값의 10%를 의미합니다. 매년 1월과 7월이 신고 및 납부기간입니다. 여기에 직원을 고용한다면 사업주가 급여나 퇴직금을 지급할 때 붙는 직원들의 근로소득세인 원천세도 있습니다. 소규모 창업이라 해도 나중을 대비하여 기초적인 사항들은 숙지한 후 창업하는 것이 좋습니다.

한 가지 덧붙이고 싶은 이야기가 있습니다. 초보창업자는 정확한 매출을 예측하기가 쉽지 않습니다. 임대료의 압박에 심리적으로 쫓겨 피가 마르는 상황은 결코 원하지 않기에 초기 수입이 없더라도 유지 가능한 최소한의 자본금을 반드시 보유한 상태에서 창업을 권합니다.(6개월~1년 정도의 예비자금) 초기 수입이 없어도 고정 지출은 있다는 것을 기억해야 합니다. 보유한 자본금 내에서 무리하지 않고 창업하기를 다시 한번 강조합니다.

한편 음료 시장의 경우 4월~9월 사이를 놓치지 않고 오픈하기를 권하고 있습니다. 날이 슬슬 풀리며 어느 정도의 더위가 유지되는 것이 바로 이 시기이기 때문입니다. 오프라인 시장에서 음료만으로 매출을 계획한다면 놓치지 않아야 할 팁입니다.

클래스 / 강사 / 프리랜서

보증금과 임대료를 들여 꼭 자리를 내지 않더라도 디지털노마드 시대에 맞게 강사로 활동이 가능합니다. 강사라고 하여 막막하고 어렵게 생각하기보다는 내 분야의 지식과 경험을 타인과 공유한다는 생각으로 시작하는 것이 좋습니다.

제가 강사라는 직업을 정말 좋아하는 이유 중 하나는 미국 버지니아 NTL(National Training Laboratories)이 발표한 러닝 피라미드 (Learning Pyramid ; 학습 효율성 피라미드)로 설명이 대체됩니다. 이 피라미드 모형은 미국에서 실시한 연구결과로 특정한 학습 과정 후 24시간이 지나서 그 내용을 기억하는 비율을 나타내고 있습니다. 단순 강의를 듣는 것만으로는 24시간이 지난 후 단 5%만 기억하고, 다른 사람에게 직접 그 내용을 설명하면 24시간 후에 90%에 이르는 내용을 기억한다는 것이지요. 타인에게 나의 지식과 경험을 전달하면서 더불어 지속성장이 가능하니 이 얼마나 매력적인 일인지요!

한편, 온/오프라인 스토어 창업자가 콘셉트에 많은 비중을 두고 생각해야 한다면 강사는 콘텐츠에 초점을 두어야 합니다. 강사에게는 콘텐츠가 힘이니까요. 콘텐츠를 배경으로 기획력(planning)이 반드시 수반되어야 한답니다. 강의분야에 대한 자신감이 먼저 있어야 강의력을 키워나갈 수 있습니다. 처음부터 대상과 범위를 폭넓게 잡으면 전문성이 결여될 수 있기에 주제를 축소시켜 점차 스펙트럼을 넓혀가는 것이 좋습니다.

새로운 일을 시작하기에 앞서

일은 인생의 대부분을 차지합니다. 그래서, 누구나 좋아하는 일이 직업이 되는 덕업 일치라면 더할 나위 없이 좋겠습니다. 좋아하는 일을 했더니 경제적인 기반이 되더라. 그보다 좋은 일은 없지요. 수제 디저트를 만드는 일을 직업으로 이어가는 사람들의 이야기를 들어보면, 대개는 일상에 스며든 취미가 직업이 된 케이스가 많습니다.

저는 스티브 잡스의 연설문을 좋아합니다. '점과 점을 잇는 선'에 대한 이야기이지요.

"내가 지금 한 일이 인생에 어떤 점을 찍는 것이라고 한다면, 현재의 순간들이 미래에 어떤 식으로 연결될지 예측할 수 없습니다. 그러나 10년이 지난 후 돌이켜 보니 그 점들은 이미 모두 연결되어 있었습니다. 여러분이 성장하여 과거를 돌아볼 때에만 현재의 순간들이 어떤 식으로 연결되었는지를 알 수 있을 것입니다. 그러므로 여러분은 현재의 순간들이 어떤 방식으로든 미래에 연결된다는 것을 믿어야 합니다."

작은 점들이 모여 선으로 연결되는 경험. 창업을 미리 한 선배들이 공감할만한 이야기이지요. 내공과 연륜은 반복된 시행착오에서 비롯되었다는 것을 시간이 지난 후에야 알게 됩니다. 한 가지씩 내 것으로 이루어가는 과정. 창업은 그런 즐거움이 있습니다. 저도 그러한 시간들을 지내왔고 지금도 다르지 않아요. 대기업에서의 강의들 역시 작은 점들이 모여 선을 이룬 결과이기도 합니다.

이 글을 쓰고 있는 오늘날에도 여성가족부가 주최하는 160시간의 디저트 카페 직업훈련 강의를 진행하는 중이기도 합니다. 멘토와 개인 클래스를 겸하고 있는 중이고요. 이제 이 모든 것들이 익숙해질 만하다 싶은데도 무엇 하나 해낼 때마다 여전히 배우는 것이 많습니다.

한 발짝 먼저 간 경험으로, 제가 창업 수업마다 빠트리지 않고 이야기하는 마인드셋 3종 세트를 귀띔해 드릴게요.

1 시작할 것. 먼저 시작하고 나중에 완벽해질 것

완벽해서 시작하는 것이 아니라 시작하고 완벽해지는 과정을 만들어 가야 합니다.

창업에 성공한 사람들의 특징 중 무모함을 부인할 수 없습니다. 기다린다고 해서 이루어지는 것이 아니라 시작함으로 이루어지기 때문입니다.

2 나만의 속도에 맞추어 꾸준히

분명한 것은, 하나씩 이루어가는 이 모든 것들은 제가 무언가 타고난 재능이 있어서가 아니라는 것이지요. 6년간 새벽 4시에 일어나 맞이했던 보물 같은 시간들이 축적된 결과라는 것을요. 저는 이것을 시간의 복리효과라고 이야기합니다.

물론 때때로 조급한 마음에 지치기도 하고 멈추기도 합니다. 하물며 첫 번째 책에 이어 두 번째 책의 원고를 쓰는 데도 3년이라는 시간이 흘렀지요. 이처럼 우리 각자의 환경은 모두 다르기에 나만의 보폭에 맞춰야 합니다. 치열하게 열정적으로 달릴 때도 있고, 한숨 고르며 걸을 때도 있습니다. 그때그때 그저 나의 속도에 집중하면 되는 것이지요.

육아와 함께하는 사장 엄마의 길이 더디고 더딥니다. 시간의 축적과 경험이 필요함을 알기에 하루하루 점 하나씩 찍으며 느리게 걷는 이 길이 참 좋습니다.

3 긴 호흡으로 내다보기

유행에 치우치지 않고 길게 내다봅니다. 한순간 반짝이는 것에 여기저기 기웃하지 않고 내가 가진 것에 충실합니다. 유행 따라가다 보면 이것도 안 되고 저것도 안 되더라고요. 그대로 쫓아서 하면 성공할 것 같고 타인의 성공은 쉬워 보이고요. 그에 따라 내 감정도 롤러코스터처럼 하루 사이 24번을 왔다 갔다 하게 됩니다.

겪어보니 하루 잘돼서 우쭐하고 고무될 것 없고, 하루 안 된다 해서 그리 죽을 것처럼 낙심할 것 없더라고요. 창업이란, 오늘 하루 문 열어서 내일 바로 문 닫는 게 아니니까요. 작은 일, 큰일에 평정심을 유지하며 쿨하게 넘기는 연습과 경험을 매일 하면 좋겠습니다.

모두 어려운 때라고 입을 모아 이야기합니다. 얼음판 같은 이 길에서 때때로 두렵고도 아득한 순간들을 마주할 때가 있을 겁니다.

그때 누군가는 저의 이야기를 떠올려 주기를 바랍니다. 저와 함께 긴 호흡으로 이 길을 천천히 걷는 기쁨을 맛보았으면 좋겠습니다.